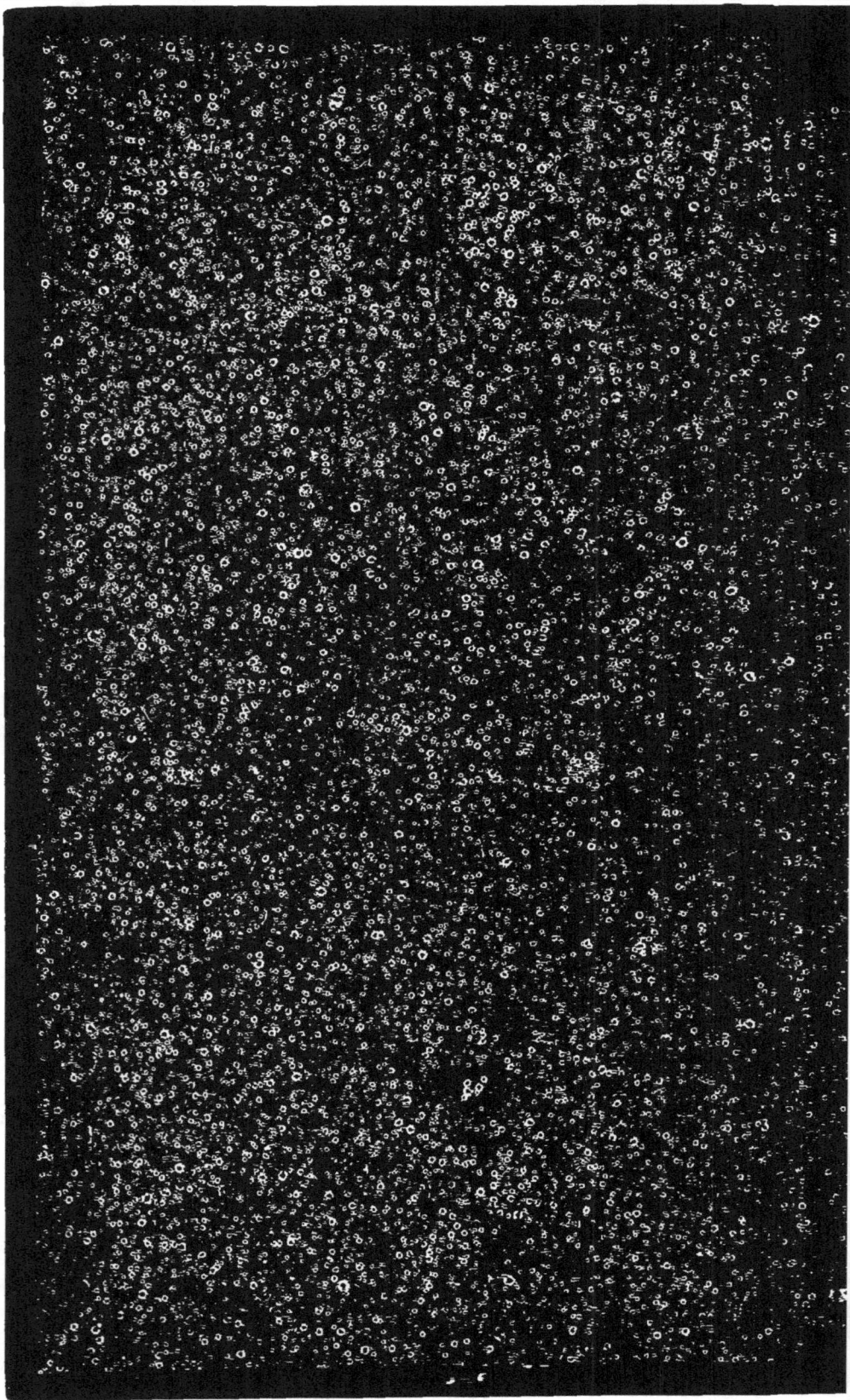

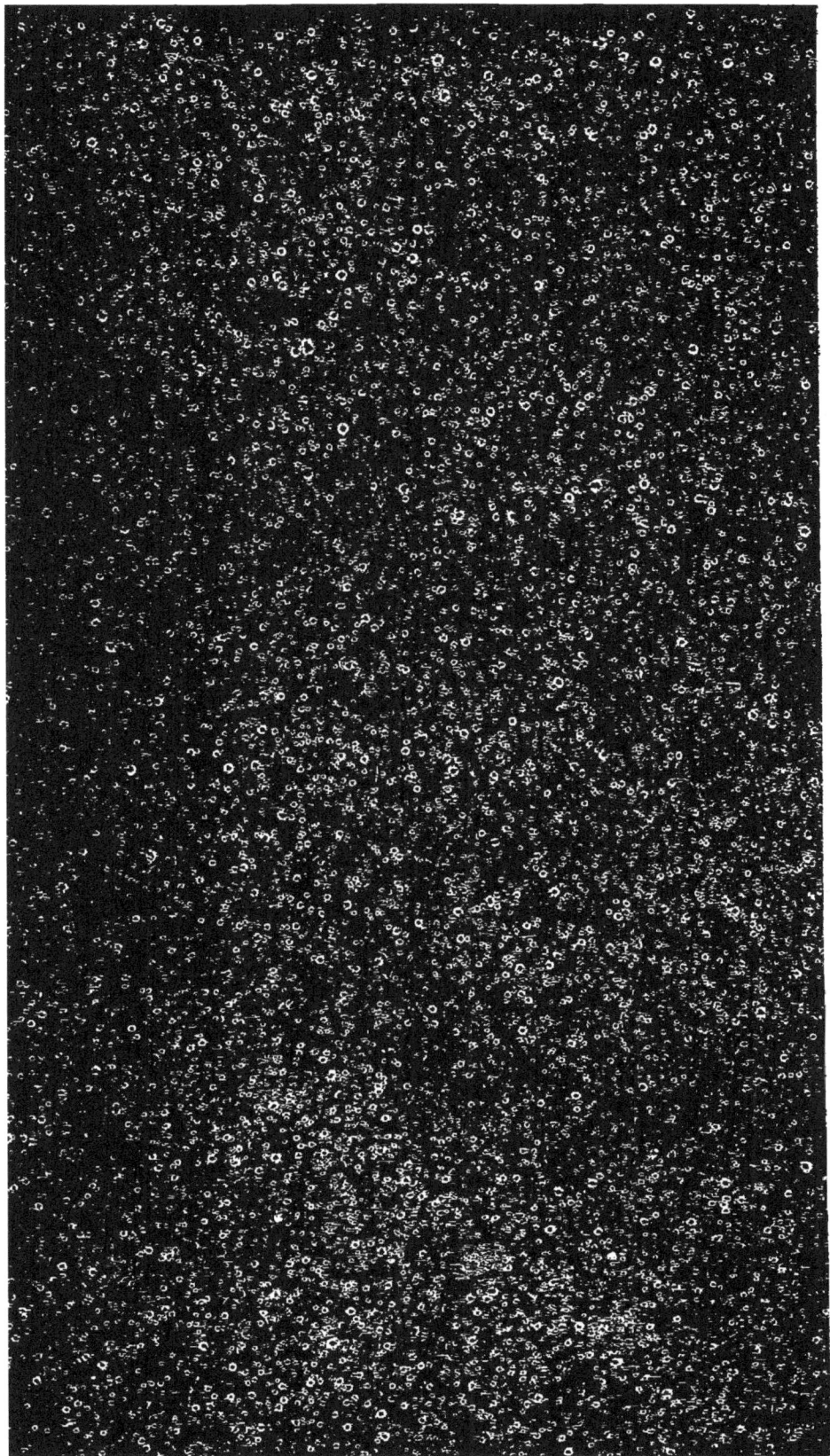

S

97702

TRAITE

DE

L'AGE DU CHEVAL.

PARIS. — IMPRIMERIE DE FÉLIX LOCQUIN,
rue N.-D.-des-Victoires, 16.

TRAITÉ

DE

L'AGE DU CHEVAL

Par feu N.-F. GIRARD.

TROISIÈME ÉDITION,

PUBLIÉE AVEC DES CHANGEMENS,

et augmentée

DE L'AGE DU BOEUF, DU MOUTON,

DU CHIEN ET DU COCHON,

PAR J. GIRARD,

Chevalier de Saint-Michel et de la Légion-d'honneur,
ancien directeur-professeur de l'Ecole vétérinaire d'Alfort,
membre titulaire de l'Académie royale de Médecine,
de la Société royale et centrale d'agriculture, etc.

PARIS

BÉCHET JEUNE,

LIBRAIRE DE LA FACULTÉ DE MÉDECINE DE PARIS,

PLACE DE L'ÉCOLE-DE-MEDECINE, N. 4.

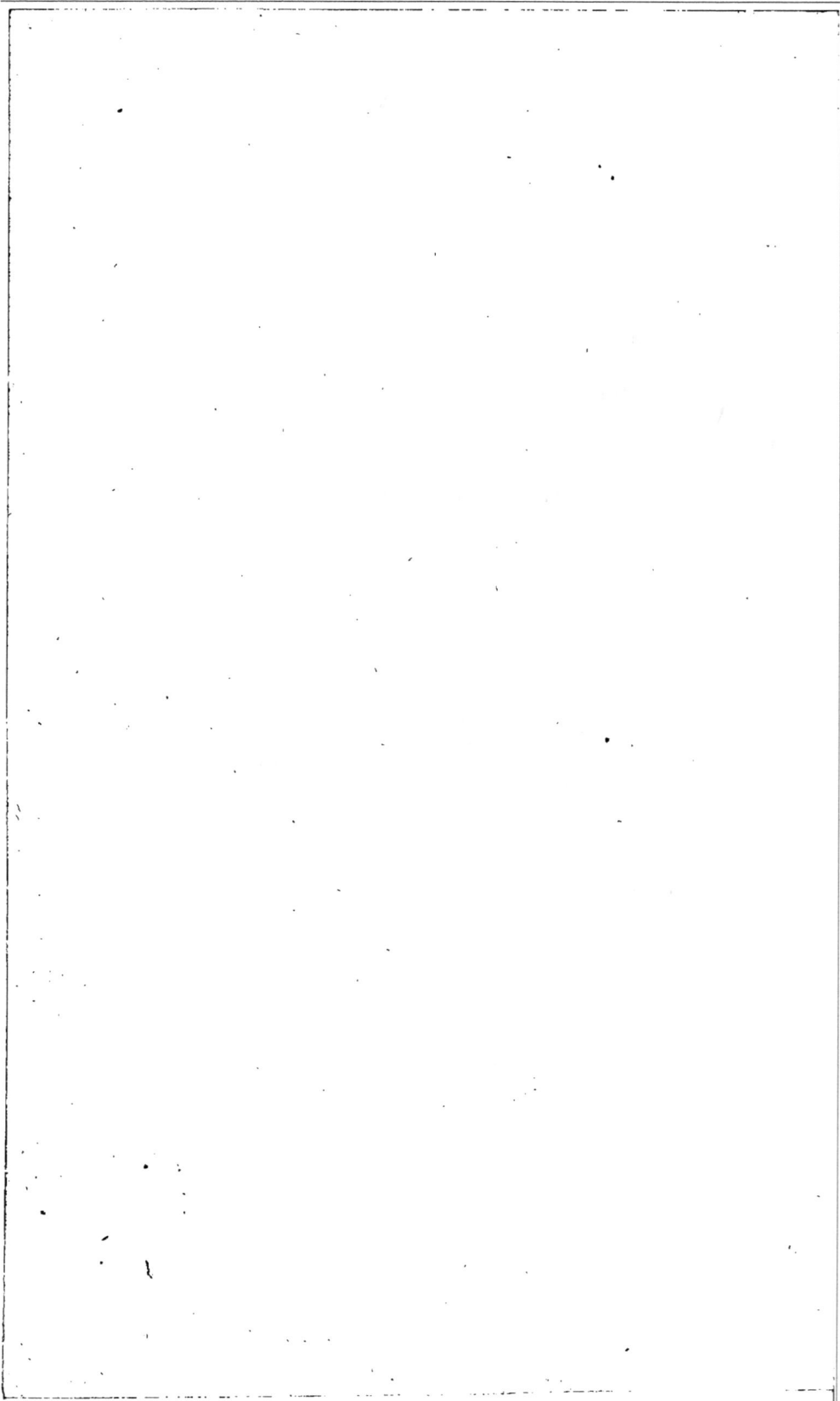

PRÉFACE.

———

Le mémoire sur l'âge des chevaux fut imprimé pour la première fois dans le recueil de médecine vétérinaire, numéros de janvier, février et mars 1824. L'auteur étant décédé l'année suivante, je me déterminai, d'après de vives instances, à faire réimprimer cet opuscule, l'un des premiers essais d'un fils unique, sur lequel je fondais les plus douces espérances, et qui s'était déjà montré avec quelques avantages dans le professorat. Cette deuxième édition, totalement épuisée, parut en 1828, et elle était accompagnée de deux planches lithographiées, destinées à faciliter l'intelligence des préceptes émis. Dans la préface placée en tête, j'ai expliqué les motifs qui m'avaient décidé à surveiller la réimpression du mémoire, et à y faire quelques changemens. Je ne rappellerai pas ici ce que j'ai dit à ce sujet.

L'édition que je publie aujourd'hui est plus étendue que les deux premières : non-seulement elle renferme diverses observations nouvelles sur l'âge du cheval et autres monodactyles ; elle comprend encore la connaissance de l'âge des animaux ruminans, ainsi que du chien et du porc. Cette dernière partie, qui ne se trouve pas dans les deux premières éditions, fait suite aux détails concernant le cheval, que j'ai pris pour type de comparaison. Cette manière de procéder est la même que celle suivie dans l'anatomie vétérinaire et dans le traité du pied ; elle est aussi la plus simple, la plus convenable pour des descriptions qui doivent embrasser plusieurs genres d'animaux. La partie relative à l'âge du cheval et qui est l'ouvrage de mon fils, est reproduite avec plusieurs changemens et additions ; elle comporte des développemens fort étendus, et qui laissent peu à désirer ; tandis que la partie consacrée à l'âge du bœuf, du mouton, du chien et du cochon, se trouve réduite aux notions les plus simples. Il devait en effet suffire d'indiquer les principales différences des dents de ces derniers, comparativement aux dents du cheval, type des observations. Toutefois, cette troisième édition aura le précieux avantage de comprendre l'âge des principaux quadrupèdes domestiques, et elle formera ainsi un traité complet sur la matière.

J'ai fait connaître en 1828 les circonstances, qui me déterminèrent à faire des recherches sur les dents des animaux domestiques ; j'ai parlé d'une collection de pièces anatomiques que j'avais formée pour atteindre plus sûrement mon but ; j'ai même relaté celles de ces pièces, qui me paraissaient offrir un intérêt tout particulier. Les événemens politiques de 1814 causèrent la dispersion de cette collection, qui m'avait coûté beaucoup de peines et de soins.

Des motifs qu'il est inutile de rapporter ici m'avaient mis, en 1811, dans la nécessité de prendre date pour quelques observations nouvelles sur l'organisation, l'accroissement et l'usure des dents incisives du cheval. J'adressai à cet effet à M. Tessier, de l'Institut, une lettre qu'il fit insérer dans les *Annales de l'Agriculture française*, tome XLVI. Il m'importait surtout de faire connaître les diverses nuances que présente la dent après le rasement, et de prouver que, contre l'opinion généralement admise, elle marque toute la vie, tant qu'elle est implantée dans l'alvéole maxillaire.

Dans les premiers temps de sa formation, l'incisive du cheval représente un corps celluleux, dont les parois minces, molles et membraniformes prennent promptement de la dureté, de l'épaisseur : en se réfléchissant du côté de la table, cette première production dentaire donne lieu à deux cavités, qui n'ont entre elles nulle communication, et diffèrent sous plusieurs rapports l'une de l'autre. La plus grande, placée du côté de la racine (*pl.* Ire, *fig.* 14 et 16), contient la substance pulpeuse, tandis que la cavité extérieure est béante, et constitue le cornet de réflexion. Cette même production dentaire se transforme en émail, qui ne tarde pas à être recouvert à ses deux surfaces par la substance osséiforme : celle-ci s'incruste en plus grande quantité du côté de la racine, et ne remplit jamais complétement le cornet, dont la cavité ne devient rase que par l'effet du frottement.

Après avoir éprouvé un certain degré d'usure, l'émail de l'incisive se trouve divisé en deux parties : l'une extérieure ou l'émail d'encadrement; l'autre intérieure et centrale, qui circonscrit le cornet. Étant plus dure et plus résistante que la substance osséiforme qui l'entoure de toutes parts, l'émail central forme une légère exubérance isolée sur le milieu de la table. A mesure que l'usure avance, le restant du cornet, ou mieux l'émail central, prend diverses formes, se rapproche du bord postérieur de la dent, et finit par disparaître complétement : alors la table devient

lisse , polie, et se trouve nivelée. Ces considérations anatomiques que je ne fais qu'énoncer, et
qui fournissent diverses indications pour la chronométrie de l'âge , ont été plus amplement développées dans le texte du mémoire.

L'âge des animaux domestiques , surtout des
herbivores, est un objet important, essentiel pour
la connaissance de leur extérieur ; c'est aussi la
partie à laquelle s'attachent plus particulièrement les amateurs et les commerçans de chevaux.
Lorsqu'il s'élève quelques contestations sur le
nombre des années que peut avoir un cheval
ou un bœuf, l'on a ordinairement recours
aux lumières d'un vétérinaire. En effet , l'élève
sorti des écoles , et qui se livre à l'exercice de la
médecine des brutes, n'est pas seulement appelé
à traiter et guérir les maladies, il est encore consulté sur le choix et l'acquisition des animaux.
Les connaissances médicales et chirurgicales ne
lui suffisent donc pas ; il faut encore qu'il sache
distinguer tous les signes extérieurs, qui caracté-

risent la beauté et la bonté de l'animal et peuvent
faire préjuger de la solidité et de la durée de ses
services ; il doit connaître toutes les nuances
propres à marquer les périodes annuelles de la
vie de l'individu ; il doit surtout savoir apprécier
les diverses anomalies, établir les rapprochemens
nécessaires , tirer enfin des inductions exactes
sur le nombre des années. Le défaut de notions
positives sur ces points importans peut l'exposer
à des contradictions désagréables, nuire à sa réputation , et le perdre même dans l'opinion publique. A force de voir , de manier et d'exercer
des chevaux , beaucoup d'hommes acquièrent ,
sans études préliminaires , un tact particulier
pour les juger à fond, promptement et sûrement.
Quelques-uns parviennent même à distinguer
parfaitement l'âge jusqu'à huit ans. Ces connaissances ne sont à la vérité que routinières et empiriques; mais elles suffisent pour mettre en défaut le vétérinaire qui aura mal jugé , soit par
manque d'instruction, soit par le peu d'habitude
d'appliquer les principes enseignés.

Les changemens successifs qu'éprouvent les dents incisives pendant tout le cours de la vie, constituent le chronomètre incontestablement le plus sûr, pour marquer le nombre des années des grands quadrupèdes domestiques. Les autres signes extérieurs ne sont ni assez prononcés, ni assez constans, pour préciser leur âge; ils peuvent tout au plus indiquer les principales époques de la vie. Ainsi, les deux premières années du poulain se font remarquer par la petite taille du sujet, par la conformation générale de son corps, par l'état de ses poils, par la manière même dont le jeune animal se comporte. Les parties extérieures d'un poulain qui n'a pas dépassé 18 à 20 mois, n'ont ni ces contours, ni ces rapports harmoniques que l'on observe dans le cheval adulte de la même race; elles sont généralement empâtées, et semblent dérober les éminences osseuses qui n'ont pas encore acquis tout leur développement. Pendant la première année, l'animal est haut sur jambes; les articulations des parties inférieures

de ses membres sont grosses et arrondies ; les
crins de sa crinière et de sa queue sont laineux ,
courts et frisés; et quoique leur accroissement
soit assez prompt , le toupillon de la queue ne
dépasse pas le jarret. Le jeune poulain se livre à
des mouvemens brusques et irréguliers; il bondit
autour de sa mère , et cherche à jouer avec elle.
Dans le cours de cette première année , la tête
conserve une forme agréable , et présente un
aspect tout particulier de jeunesse.

A l'âge de deux ans, les formes extérieures sont
plus prononcées; les crins , droits et durs, ont déjà
acquis une certaine longueur et ceux de la queue
descendent plus bas que le jarret. Les poulains
qui n'ont pas eu de croissance insolite et qui ont
été bien nourris d'ailleurs, sont gais, vifs , et
aiment à jouer ensemble. Ceux au contraire dont
le développement a été rapide, sont ordinairement lâches; toute leur habitude et leur démarche annoncent la mollesse. Leur taille précoce peut en imposer ; mais leur état de jeunesse

est facile à reconnaître; il suffit de considérer avec un peu d'attention l'état de la tête, et l'on s'aperçoit que cette partie du corps n'a pas cet aspect particulier, qui caractérise les chevaux adultes de la même race.

A partir de deux ans révolus, la tête commence à se déformer; elle s'empâte et semble se tuméfier en différens endroits; les maxillaires grossissent insensiblement; les ganaches s'épaississent, se chargent, l'épine sus-maxillaire semble se déprimer, et devient moins prononcée. Ces changemens remarquables et dus au travail des dents, se compliquent ordinairement de la plénitude de l'auge; parfois les ganglions de cette région se tuméfient, et il s'y établit un engorgement inflammatoire qui finit par abcéder.

L'âge des poulains se reconnaît encore par les poils rudes, par une peau molle et flexible, enfin par un sabot rond, fibreux et sans cercles.

Après l'éruption complète des dents, époque où commence l'âge adulte du cheval, la tête se dégorge; ses diverses parties se dessinent de nouveau, et prennent peu à peu l'état normal qu'elles doivent avoir; l'animal ne tarde pas à atteindre son entier développement, il offre alors des formes prononcées et agréables; il a la peau molle et onctueuse, les yeux vifs et brillans, les oreilles hardies; toute sa démarche est libre et fière, et cet état d'énergie vitale se soutient pendant quelques années, ce qui varie en raison de la race et du tempérament des individus, et encore suivant la nourriture, les exercices et les services auxquels ces individus ont été soumis.

Chez les vieux chevaux, on remarque une foule d'altérations et de changemens, qui sont les apanages inévitables de la vieillesse. Les parties molles se dépriment, tandis que certaines éminences osseuses, telles que l'épine sus-maxillaire, l'arcade orbitaire, la protubérance occipitale, etc. deviennent plus saillantes; les cavités qui recèlent de la graisse, prennent plus de profondeur; au lieu d'être bombées, les par-

ties latérales du chanfrein offrent un enfonce-
ment, qui augmente à mesure que les molaires
supérieures sont chassées au dehors. Le maxillaire semble se rapetisser, ses branches surtout
s'amincissent, deviennent étroites et sa partie
inférieure prend une direction droite. Lorsque
les animaux sont fort âgés, la lèvre inférieure
reste pendante (1); les poils de certaines robes,
tels que le gris, le noir, le rouan; le bai brun, etc.,
grisonnent, et ces changemens ont lieu plus particulièrement à la tête, autour des yeux, aux
tempes, au pourtour des naseaux, etc.

La connaissance de l'âge du cheval par l'inspection des dents remonte à des temps très-
reculés, puisque les plus anciens auteurs en
parlent comme d'une chose connue bien avant
eux. Les Grecs et les Romains savaient parfaitement que le nombre des dents est de quarante
dans le cheval et de trente-six parfaites dans la

(1) La lèvre inférieure devient aussi pendante chez les
vieilles brebis.

jument ; que toutes les incisives sont caduques et remplacées à partir de trente mois à cinq ans; que les crochets ou angulaires des chevaux font leur éruption de quatre à cinq ans; qu'à huit ans, toutes les incisives se trouvent rasées et deviennent agnomones, c'est-à-dire qu'elles cessent de marquer.

Les anciens avaient également remarqué quelques-uns des changemens qui surviennent aux dents après l'âge de huit ans. Dans l'extrait des auteurs grecs, par J. Jourdin, on lit le passage suivant : « Sur la fin de la huitième année on » commence à ne plus discerner l'âge préfix du » cheval, mais bien à recognoistre la vieillesse : » ce qui se remarque par les dents canines » (crochets), lesquelles, pendant la jeunesse, sont » longues et aiguës, et en vieillesse elles sont » rases et émoussées, particulièrement celles » d'en bas, et sont en ce temps-là marquées » d'une petite noirceur au milieu; ce qui dure, » selon l'observation de quelques-uns; jusqu'à

» la douzième année, auquel temps les dents
» commencent à se jeter en dehors, et s'engros-
» sissent par dedans (1). » Les auteurs postérieurs, tel que Solleysel, Garsault, Lafosse,
Bourgelat, Sind, Prizelius, Brugnone, Wals-
tein, Pessina, Fechner, etc., n'ont fait, pour
ainsi dire, que commenter, plus ou moins
étendre et diversement appliquer les remarques
des anciens; mais aucun d'eux n'a tenu compte
de la *petite noirceur*, qui, selon Jourdin, se
montre après le rasement dans le milieu de la
table, et subsiste jusqu'à douze ans ou environ.
Cette marque noirâtre était évidemment produite
par le cornet dentaire, qui prend des formes
particulières et disparaît vers la douzième année.

La première période de l'âge du cheval, celle
de la gnomonie des Grecs, et qui va jusqu'à huit
ans exclusivement, est indiquée par l'éruption
et le remplacement des incisives, et par le rase-

(1) *La vraie connaissance du cheval, ses maladies et remèdes;* par J. J. D. E. M. , 1647, p. 10.

ment de leur cavité extérieure. La période qui suit et qui dure tout le restant de la vie, offre aussi deux époques distinctes : la destruction du cul-de-sac du cornet dentaire, et l'usure de la portion radicale de la dent. Pendant la première de ces deux dernières époques, la partie restante du cornet, d'abord alongée d'un côté à l'autre, devient successivement ovalaire, triangulaire et ronde. Quelque temps avant sa destruction complète, et pendant sa période de rotondité, il apparaît, entre l'émail central et celui d'encadrement, un point coloré : c'est l'étoile dentaire ; et cette étoile prend diverses formes, diverses teintes, se perfore quelquefois, et présente alors un trou noir, qui est toujours l'indice d'un âge fort avancé (1).

En étudiant bien les marques produites par le cornet et par l'étoile dentaires, en notant exactement l'apparition et la durée des nuances di-

(1) *Voyez* la lettre insérée dans les *Annales d'agriculture*, tome XLVI.

verses et successives qu'offrent ces marques, l'on peut distinguer l'âge des vieux chevaux, d'après des bases presque aussi sûres que celles fondées sur l'éruption et sur le rasement. D'ailleurs, la direction des dents et la forme de leur table fournissent des rapprochemens importans pour rectifier les variations; et ces rapprochemens deviennent surtout utiles après la destruction du cornet dentaire; car l'étoile radicale n'est pas toujours très-prononcée et parfaitement distincte. Le professeur Pessina de Vienne, a expliqué la gradation des années au-delà de huit ans, uniquement d'après la forme que prennent les incisives, au fur et à mesure qu'elles s'usent. Il a distingué quatre périodes successives : l'ovalité, la rotondité, la triangularité et la biangularité. Ses considérations fort étendues, mais trop minutieuses, auraient pu acquérir une plus grande importance et présenter plus d'exactitude, si l'auteur eût fait attention aux marques qui subsistent après le rasement, et s'il eût cherché à établir tous les points de comparaison qui pouvaient le conduire plus sûrement à la vérité. Dans le mémoire livré à la réimpression, l'on a fait tous ces rapprochemens, et les inductions ont été basées, autant sur la forme et la direction des dents, que sur les nuances particulières de l'émail central et de l'étoile radicale.

Quant à la notice qui fait suite au mémoire sur l'âge du cheval, je dois faire connaître les motifs qui en ont retardé la rédaction et m'ont empêché de la donner en 1828. Les notes que j'avais commencé à recueillir dès 1806, sur l'âge tant du bœuf et du mouton, que du chien, du chat et du porc, ont été égarées pendant un grand nombre d'années. Vainement je les avais recherchées pour que mon fils pût en tirer parti lorsqu'il publia son mémoire en 1824. Je les croyais comp étement perdues, lorsqu'un heureux hasard me les fit découvrir en 1832. Ces notes étaient d'ancienne date, et je ne pouvais en faire usage sans les soumettre à de nouvelles vérifications et

2

les comparer avec les écrits sur le même objet.
Pour arriver à ce résultat, j'ai dû me livrer à
des recherches nombreuses, minutieuses et parfois très-désagréables. J'ai mis à contribution la
complaisance des personnes qui pouvaient me
fournir quelques renseignemens utiles, et je dois
à cet égard un tribut particulier de reconnaissance à M. Veret, mon ancien répétiteur, actuellement vétérinaire établi à Doullens, qui a
vérifié toutes les marques relatives à l'âge du
bœuf, et m'a fait part de ses observations particulières. Je citerai aussi M. Rigot, professeur-
adjoint à l'école vétérinaire d'Alfort. M. Rigot,
l'un de mes successeurs dans la chaire d'anatomie et de physiologie, ne s'est pas borné à
faire les dessins des planches placées à la suite
du texte de l'opuscule; il m'a encore été très-
utile pour diverses recherches sur les dents du
cheval et du bœuf.

PREMIÈRE PARTIE.

AGE DU CHEVAL.

Il y a peu d'années encore l'on ne possédait de connaissances à peu près exactes sur l'âge du cheval que jusqu'à huit ans; au-delà de cette époque on n'était plus guidé que par l'habitude, par une routine plus ou moins vicieuse, et qu'il fallait nécessairement payer d'un grand nombre de fautes. Aussi on se trouvait exactement au point où Aristote, Varron, Columelle, Absyrte, Végèce et tous les anciens auteurs avaient laissé cette branche des connaissances vétérinaires. L. Rusius, Tacquet, Ruini, Garzoni, Solleysel, n'avaient presque rien ajouté à ce que l'on savait déjà touchant le mode d'organisation, de formation, d'éruption et d'usure des dents; on ne devait aux auteurs modernes, tels que la Guérinière, Garsault, Buffon, Bourgelat, que d'avoir démontré le ridicule de certaines opinions; on ne croyait plus aux indices tirés des plis de la peau, au nombre des nœuds de la queue; on se bornait, avec raison, à l'examen des dents; mais on n'avait rien dit de nouveau, on ne possédait enfin que des notions empiriques, transmises d'âge en âge depuis les premiers hippiâtres.

Les observations de Tenon (1), en mettant hors de tout doute celles de Ruini sur la caducité des trois premières molaires, et en démontrant la véritable cause de l'usure des dents, portèrent Lafosse à penser que la forme des incisives devait être, à toutes les époques de la vie, une des marques que l'on pût consulter avec plus d'avantage; mais il ne profita pas de cette heureuse idée, et l'indiqua même si légèrement, que la plupart des vétérinaires ignorent qu'il en ait fait mention (2). Le professeur Pessina tomba dans un excès

(1) *Mémoires de l'Institut*, tome Ier, 1797.
(2) *Manuel d'hippiatrique.*

opposé; il attacha beaucoup trop d'importance aux différentes formes que prennent les incisives et présenta comme certaines des remarques, dont l'expérience ne constate pas toujours la rigoureuse exactitude. Cependant l'ouvrage de Pessina, à peu près inconnu des vétérinaires français, est sans contredit, malgré sa prolixité, malgré la minutie de ses recherches, ce que nous possédons de meilleur sur l'âge du cheval. Il fallait toutefois, parmi ses nombreuses observations, distinguer celles qui offrent de l'exactitude, du plus grand nombre, qui n'est que le fruit de l'imagination. L'étude des cloisons dentaires des incisives, cloisons signalées dans la lettre précitée à M. Teissier, a fait aussi le sujet de nos observations, qui, si elles ne suffisent pas dans tous les cas et dans toutes les circonstances pour mettre à l'abri de l'erreur, présentent, nous l'espérons, plus d'exactitude qu'aucun des traités que l'on ait jusqu'à présent publiés sur cette matière.

DESCRIPTION DES DENTS.

Les dents, instrumens de la mastication, sont des parties osséiformes, très-dures, enchâssées plus ou moins profondément dans les alvéoles des maxillaires, qu'elles remplissent exactement, et d'où elles se prolongent au-dehors pour se mettre en contact, les supérieures avec les inférieures. Par leur mode de formation, elles offrent une certaine analogie avec les productions cornées, et elles se rapprochent des os par leurs propriétés physiques et chimiques.

Fixées l'une à la suite de l'autre, au bord alvéolaire des os maxillaires, les dents forment à chaque mâchoire une ligne courbe, parabolique, dite *arcade dentaire*, dont la supérieure est plus large, plus forte et plus longue que l'inférieure. Chaque arcade se compose elle-même de deux rangées de dents, interrompues vers le quart antérieur, et réunies inférieurement en demi-cercle.

Dans le genre cheval, on compte de trente-six à quarante-quatre dents, que l'on distingue en *incisives*, destinées à inciser les alimens; *angulaires*, ou *crochets*, ou *laniaires*, parce que dans les carnivores elles servent à déchirer; *molaires*, qui broient les substances alimentaires comme entre deux meules.

Toutes les dents se développent dans l'intérieur des os maxillaires, d'où elles sortent après avoir acquis une certaine grandeur, et avoir usé, détruit la table extérieure de leurs alvéoles. Les unes, faisant leur éruption peu de temps après la naissance, portent le nom de *dents de lait*; on les nomme aussi *dents fœtales*, mais mieux *caduques*, parce qu'elles tombent à l'époque où l'animal arrive à l'âge adulte : ce sont les incisives et les trois premières molaires. D'autres, dont le développement et la sortie sont plus tardifs, sont appelées *persistantes*. Enfin, celles qui paraissent en arrière des caduques, et prennent leur place, sont dites *dents de remplacement*.

§. Ier. *Dents incisives.*

Ces dents sont au nombre de six; elles forment l'extrémité antérieure ou inférieure de chaque arcade dentaire, et elles représentent

dans leur ensemble un demi-cercle assez régulier dans les jeunes chevaux, mais qui se dé-
forme au fur et à mesure que le sujet vieillit.

Les deux antérieures, celles du milieu (*medii*),
portent le nom de *pinces*, sans doute parce
qu'elles sont, en raison de leur position, spécialement destinées à pincer. Celles qui les touchent
de chaque côté, sont les *mitoyennes* (*proximi*) ;
enfin, les deux dernières qui terminent de chaque côté le demi-cercle incisif, se distinguent
par la dénomination de *coins* (*angulares*).

Toute incisive de remplacement ou d'adulte,
lorsqu'elle a complété son éruption, qu'elle n'a
point éprouvé d'usure, et qu'elle est encore
vierge, offre deux parties à considérer : une *libre*,
et l'autre *enchâssée*. La première, qui fait saillie
de six à huit lignes au-dessus du bord de la gencive, est aplatie d'avant en arrière, et représente un cône dont la base est à l'extrémité libre
de la dent, et dont la pointe se trouve vers le
bord alvéolaire. Cette disposition est telle, que
dans le principe les incisives ne se touchent que
par leur extrémité libre, tandis que du côté de
la racine elles laissent entre elles un intervalle,
dans lequel se prolongent les gencives et les cloisons alvéolaires.

La face antérieure ou externe est légèrement convexe, creusée dans le sens longitudinal par un ou deux sillons profonds, plus marqués ordinairement à la mâchoire supérieure qu'à l'inférieure, et qui se prononcent de plus en plus jusqu'à un certain âge. La face postérieure ou interne (*pl.* Ire, *fig.* 11), un peu concave et déprimée au côté externe, offre beaucoup moins d'étendue que l'antérieure. Lorsque la dent semble déjà tout-à-fait sortie, cette face fait à peine exubérance au-dessus de la gencive; tandis que dans les vieux chevaux elle est quelquefois presque aussi longue que la face antérieure. Dans la plupart des dents, elle est partagée en deux moitiés par une scissure très-remarquable, surtout aux coins, et qui s'étend depuis l'alvéole jusqu'au bord postérieur de la dent.

L'extrémité libre (*fig.* 2, 3, 4 et 5), par laquelle les dents correspondantes des deux mâchoires se mettent en rapport, et frottent les unes sur les autres, offre une surface large aplatie d'avant en arrière, et que l'on désigne sous le nom de *table dentaire*. Dans les dents vierges, cette table présente, 1° une cavité profonde, alongée d'un côté à l'autre, et qui ne tarde pas à se remplir d'une matière jaune et noire, à laquelle les anciens vétérinaires ont donné le nom de *germe de fève*; 2° deux bords tranchans qui circonscrivent la cavité, ont une hauteur inégale, et se joignent de chaque côté à anglé aigu. Le bord antérieur est plus étendu, plus élevé que le postérieur, et celui-ci offre dans son milieu une échancrure assez profonde, produite par la continuité du sillon de la face postérieure. La face de frottement ne devrait conséquemment porter le nom de *table* qu'après un certain degré d'usure, que lorsque les deux bords sont de niveau. Alors la cavité ne forme plus qu'une partie de la surface de frottement, au milieu de laquelle on la voit enveloppée dans une espèce de cornet qui, à mesure que l'animal vieillit, se rétrécit, se rapproche du bord postérieur, et finit par disparaître entièrement. Le corps de la dent éprouve, de même que le cornet dentaire, des changemens analogues, à la vérité beaucoup plus lents, mais qui sont déjà fort sensibles, lorsque le cornet ne présente plus qu'un point rond et se trouve au terme de son usure. Il a, comme le cornet, une forme conique, et le rétrécissement qu'il présente du côté de la gencive est tellement marqué dans les incisives du bœuf, ainsi que dans les vieilles incisives caduques du cheval, que ces dents paraissent comme étranglées vers le bord alvéolaire.

Quant aux bords latéraux de la partie libre des incisives, l'interne, celui qui regarde le plan médian, est arrondi et beaucoup plus épais que l'externe, généralement mince, même tranchant dans les coins. Chez les jeunes sujets, ces bords dentaires se chevauchent; l'externe se prolonge en devant, et se trouve appliqué sur l'interne. Ce genre de croisement semblerait dépendre du mode d'éruption des incisives, qui sortent toujours par paires et de travers, ne se mettent en ligne qu'insensiblement au bout d'un certain temps, et cet entrecroisement ne cesse d'avoir lieu que vers l'âge de huit ans.

2° La part e *enchâssée*, plus communément *la racine* de la dent, fortement implantée dans l'alvéole maxillaire, est courbée en arrière, forme une convexité extérieure très-marquée, et se termine par une pointe mousse. Parallèle à l'axe de la mâchoire dans les pinces, elle présente dans les mitoyennes une obliquité qui est encore plus prononcée dans les coins, dont l'extrémité est tournée en dedans. L'arcade formée par les racines de ces dents est beaucoup plus étroite, et occupe moins de place que celle de la partie libre.

La longueur, la forme et les dimensions de la partie enchâssée varient suivant les différens degrés de l'âge, et offrent quelques différences qu'il importe d'indiquer. A l'époque de l'éruption de la dent, la racine est généralement courte, ronde et entièrement creuse : sa cavité intérieure, dont les parois sont fort minces, n'a qu'une durée temporaire, et ne présente pas, comme la cavité extérieure, un sac particulier, une espèce de cornet qui lui soit propre. Elle s'enfonce profondément, se prolonge dans la partie libre, entoure le cornet extérieur, et renferme une substance pulpeuse, qui semble être le foyer central de vitalité et de nutrition de la dent. A mesure que le sujet avance en âge, la cavité radicale diminue progressivement, et son oblitération procède du fond, en commençant vers le bord interne de la dent; elle est refoulée du côté de la racine. Celle-ci s'alonge, prend toujours de l'accroissement, et les nouvelles productions, au lieu d'être arrondies, sont successivement triangulaires, puis aplaties d'un côté à l'autre; enfin, arrive une époque, variable suivant les dents, où la cavité disparaît tout-à-fait : la racine est alors pointue à son extrémité, et elle cesse tout-à-fait de croître.

La longueur totale des incisives est à peu près de quinze à vingt lignes pour les dents caduques, et de deux pouces et demi à trois pouces pour les incisives de remplacement. Leur forme, comme on l'a vu, n'est pas la même partout. Ainsi, aplaties d'avant en arrière, vers la surface de frottement, elles se rétrécissent du côté du bord alvéolaire, et deviennent successivement ovales, puis arrondies; vers la base de la racine, elles sont triangulaires; enfin, leur extrémité est aplatie d'un côté à l'autre. Cette différence, beaucoup plus remarquable dans les pinces et les mitoyennes que dans les coins, est très-facile à constater, en faisant plusieurs coupes transversales à une dent incisive, de deux lignes en deux lignes. (*Pl. 2, fig.* 10.)

Les incisives présentent quelques différences entre elles sous les rapports de leur longueur, de leur forme et de la profondeur des cavités. Les coins, en général moins longs que les mitoyennes et les pinces, n'ont pas une forme aussi régulière; ils sont plus étroits vers le bord latéral externe, de manière à ne jamais former un ovale, une rondeur, une triangularité aussi parfaite que les autres; le cornet dentaire s'enfonce moins profondément dans l'intérieur de la dent.

En général, ce cornet dentaire représente, lorsque les incisives ont fait toute leur éruption, une longueur de six à sept lignes à peu près dans les inférieures, et de près du double dans les supérieures (1).

Les incisives supérieures sont, en outre, plus larges, plus fortes et plus développées que celles de la mâchoire inférieure. Il en résulte que le bord externe des coins inférieurs repose sur le milieu de la surface des coins supérieurs, et les use de manière à y produire, dans quelques mâchoires, une échancrure triangulaire, au moyen de laquelle on peut se guider jusqu'à un certain point dans la connaissance de l'âge. Cette échancrure, qui n'existe jamais avant sept ans, disparaît avec le temps, et d'autant plus tôt que la mâchoire prend une direction plus horizontale.

Les incisives caduques, en général plus larges que celles d'adulte (relativement à leur longueur), sont, dans les premiers temps, d'un blanc grisâtre; leur face extérieure est recouverte d'une

----

(1) Dans un cheval de six ans, le cornet des pinces inférieures est de 6 à 7 lignes, celui des mitoyennes de 7 à 8, celui des coins de 5 à 6. Dans la mâchoire supérieure, la longueur du cornet des pinces est de 11 à 12 lignes; dans les mitoyennes, de 12 à 13; dans les coins de 8 à 9.

multitude de petites stries peu profondes , et le sillon de la face postérieure est peu marqué. Dans un âge plus avancé, et à l'approche de leur chute, la surface extérieure devient luisante , polie , comme celle des dents d'adulte, et les stries font place à de légers sillons ; mais les dents sont alors écartées les unes des autres , et présentent à leur base un étranglement, un véritable collet, qu'on ne rencontre jamais dans les remplaçantes, quelque vieux que soit l'animal. (*Pl.* 1re *fig.* 11, 12.)

§ II. *Dents molaires ou mâchelières. (Columellares dentes.)*

Les molaires, au nombre de vingt-quatre, dont douze à chaque mâchoire , six à droite et six à gauche, sont fixées les unes contre les autres, dans les alvéoles maxillaires, et elles forment les branches ou parties latérales de l'arcade dentaire. Depuis la première molaire de chaque côté jusqu'au crochet, l'on compte environ quatre pouces , mais la distance est un peu moins grande dans la mâchoire inférieure que dans la supérieure.

Les avant-molaires , au nombre de trois de

chaque côté, ont été long-temps, et d'après l'autorité d'Aristote, considérées comme persistantes. Buffon, Bourgelat, Daubenton, etc., continuèrent à les regarder comme telles, quoique Ruini eût annoncé, en 1598, que deux de ces dents étaient caduques; et l'on persista dans cette erreur, jusqu'à ce que Tenon (1) eût établi d'une manière péremptoire que les trois avant-molaires étaient susceptibles de tomber et d'être remplacées.

Chaque molaire, considérée chez l'animal adulte, présente une partie libre et une enchâssée; la partie libre est exubérante au dehors de cinq à six lignes; sa surface externe, dont la direction est à peu près verticale, offre, dans les dents de la mâchoire supérieure, deux cannelures longitudinales, presque constamment au nombre de trois dans la première molaire de remplacement; à la sixième molaire inférieure, ces larges cannelures sont remplacées par deux sillons. Dans toutes les autres molaires inférieures, il n'y a qu'un sillon étroit et très-profond, qui se prolonge jusqu'à l'endroit où la racine se divise. La face interne, un peu moins élevée que l'externe

(1) *Loco citato.*

dans les dents de la mâchoire supérieure , est au contraire plus élevée dans la mâchoire inférieure. Quant aux faces latérales , elles sont droites et appliquées contre les faces correspondantes des dents voisines.

La surface de frottement dans la dent vierge est composée de petits rubans disposés en zig-zag, qui laissent entre eux des cavités d'autant plus larges et plus profondes, que la dent est plus jeune. Les rubans qui circonscrivent ces cavités sont également plus tranchans , lorsque la dent n'a éprouvé aucune usure; et cette disposition, à n'en pas douter, facilite la sortie de ces dents par le bord alvéolaire. Lorsque les molaires ont éprouvé de l'usure, elles n'ont plus le même aspect; le bord des circonvolutions n'est plus tranchant; les cavités semblent se remplir et se niveler; enfin , la face de frottement se change en une table anfractueuse et quadrilatère , dont la direction est légèrement oblique de dedans en dehors dans la mâchoire inférieure, et de dehors en dedans à la supérieure. La surface de cette table est alors garnie d'éminences et de dépressions transversales , disposées régulièrement dans le sens , suivant lequel les dents mâchelières frottent les unes contre les autres.

3

La partie enchâssée, ou la racine des molaires,
se prolonge dans le fond de l'alvéole, et présente
une longueur et une disposition variables suivant les dents. La troisième et la cinquième sont
ordinairement plus longues que les autres , et ,
suivant Tenon , elles conservent pendant toute
la vie cette prééminence. Plus fortes dans la mâchoire supérieure que dans l'inférieure , elles
offrent, dans toute leur étendue, la continuation
des cannelures et des sillons que nous avons vus
exister à la partie libre.

La racine de la première molaire est dirigée
en avant ; celles de la deuxième et de la troisième
sont droites ; les trois dernières se portent en arrière. L'extrémité de ces racines est percée de plusieurs cavités profondes, qui croisent celles de
l'extérieur, ne communiquent point avec elles, et
sont, ainsi que dans les incisives, d'autant plus profondes que l'animal est plus jeune. Enfin, à une
certaine époque (ordinairement de quatre à cinq
ans), l'extrémité de la racine pousse des radicules
au nombre de trois dans la première et la sixième
molaires supérieures , de quatre dans les autres
molaires de la même mâchoire. Inférieurement,
la première et la dernière deviennent tricuspides,
et les autres bicuspides. Quelquefois cependant la
première ne présente que deux pointes.

Outre ces molaires, il en existe quatre autres, auxquelles on a donné le nom de *supplémentaires*. Celles-ci, qui présentent quelque ressemblance avec la première molaire du chien, sont situées de chaque côté et à chaque mâchoire en avant de la première molaire caduque; et comme la première molaire de remplacement est plus large, il arrive presque toujours qu'en chassant la caduque, elle entraîne aussi la dent supplémentaire, de sorte qu'il est assez rare d'en rencontrer au-delà de deux ans et demi : leur existence d'ailleurs n'est pas constante (1).

Il en est généralement des molaires comme des incisives : celles de la mâchoire supérieure sont plus grosses, plus fortes, et leur arcade dentaire est plus large. Leur disposition relativement aux incisives est telle, que, lorsque les molaires se touchent, les incisives sont écartées *et vice versâ;* et cela était nécessaire, puisqu'elles agissent, les unes d'avant en arrière, et les autres latéralement.

(1) On trouve quelquefois aussi, mais très-rarement, une arrière-molaire supplémentaire située près de la sixième.

§. III. *Des Crochets* (*dentes canini*).

Les crochets, ainsi nommés plutôt à cause de la forme qu'ils affectent dans le porc et le sanglier, que de celle qu'ils présentent dans le cheval, sont situés dans l'intervalle qui sépare les incisives des molaires, beaucoup plus près des coins dans la mâchoire inférieure que dans la supérieure, où ils en sont éloignés d'un pouce et demi à peu près. Il résulte de cette disposition, analogue à celle qui existe dans les carnivores, que les crochets ne frottent point l'un contre l'autre, mais s'entrecroisent lorsque les mâchoires se rapprochent.

La partie libre de ces dents représente un cône ayant sa base du côté de l'alvéole: sa face externe est convexe, striée, et sa face interne laisse voir dans son milieu une éminence conique, circonscrite par deux cannelures très-profondes, qui se réunissent vers la pointe, tandis qu'elles se séparent à la base.

La partie enchâssée qui se dirige en arrière dans le sens de la racine des coins, présente à son extrémité l'orifice d'une cavité, prolongée dans les jeunes dents jusqu'à l'extrémité de la partie libre; à mesure que l'animal avance en âge, cette cavité s'oblitère en commençant par son fond; la racine diminue d'épaisseur et augmente de longueur comme un tube de verre effilé à la lampe; enfin, la cavité disparaît entièrement.

Les crochets présentent entre eux peu de différences; ceux de la mâchoire inférieure sont cependant un peu plus longs et plus forts. Ils semblent exclusifs aux chevaux; les jumens en sont dépourvues ou du moins elles n'en ont que des rudimens, analogues aux molaires supplémentaires; il arrive très-rarement qu'ils acquièrent un certain volume , encore n'est-il pas possible de s'y méprendre : ce sont alors de petites dents où l'on ne trouve ni l'éminence, ni les cannelures de la face interne (1); la castration n'exerce aucun effet sur le volume et la force des crochets, et sur l'époque de leur éruption, époque qui , sans cause connue, est extrêmement variable (2).

(1) Les anciens supposaient stériles *les* jumens qui portent des crochets, et les nommaient *brehaignes* (du bas-breton, *brehaing*). *Ménage*. Ils appelaient *écaillons* les chevaux dépourvus de crochets, ou qui n'en portaient que de semblables à ceux des jumens.

(2) L'opinion générale est que les crochets du cheval sont

Art. II.

Organisation des Dents.

Les dents sont composées de deux principales substances différentes par leur couleur, leur densité, leurs usages : l'une extérieure, qu'on appelle *émail* ; l'autre intérieure, nommée vulgairement substance osseuse, et qu'il convient mieux d'appeler *ivoire*, d'après *Hunter* et *Cuvier.* Cette substance, en effet, n'est point un os ; elle ne se produit, n'existe et ne se régénère point à la manière des os, elle n'a d'analogie

des dents permanentes, et non susceptibles de renouvellement. Cette règle n'est cependant pas sans exceptions ; car M. Forlbome, actuellement vétérinaire au 6ᵉ régiment des lanciers, nous présenta, en mai 1828, une paire de bouts de mâchoires, portant des crochets caduques très-bien développés, et par derrière lesquels se trouvaient ceux de remplacement mis à découvert. Il n'était pas possible d'élever des doutes, puisque le fait était constaté par la pièce même, qui est resté déposée à l'école d'Alfort. Il ne s'agissait donc que de savoir si les crochets de remplacement existent constamment, ou si leur présence dans le cas dont il s'agit, n'était qu'un phénomène particulier, tel qu'on l'observe dans les bêtes à laine, chez lesquelles les coins de lait ne sont pas remplacés après leur chute. M. Rigot, professeur-adjoint, auquel nous avons parlé

avec eux que par sa composition chimique, encore présente-t-elle sous ce rapport quelque différence, d'après M. *Morichini* et M. *Berzélius*,
qui y ont démontré la présence d'une petite
quantité de fluate de chaux (1).

L'ivoire, que nous désignons aussi sous le nom
de substance osséiforme, existe dans toute l'é-
tendue de la dent : vers la partie libre, il est recouvert par l'émail et forme à lui seul la racine.
Il est d'un blanc jaunâtre, très-consistant, formé
de stries disposées transversalement à l'axe de la
dent, et qui lui donnent une apparence soyeuse.

Les injections les plus fines n'y démontrent
point de vaisseaux ; on peut admettre cependant

du renouvellement des crochets, nous a assuré que ce renouvellement n'est pas rare, et il a ajouté avoir fréquemment
rencontré des crochets caduques dans les poulains de trois à
quatre ans. Les recherches particulières que nous avons eu
occasion de faire sur les jeunes chevaux, tant vivans que
morts, ne nous ont pas fourni un seul exemple de crochets
caduques, semblables à ceux recueillis par M. Forlbomme. Il
est bien vrai que certains jeunes poulains portent, à la place
du crochet adulte, une petite dent mince, alongée, et qui a
l'apparence d'une aiguille ; mais cette dent n'a point la forme
d'un crochet. Son existence n'est pas constante, elle tombe de
très-bonne heure et sans attendre le développement du crochet.

(1) L'opinion générale des chimistes est qu'on ne trouve de
fluate de chaux que dans les os et dans les dents fossiles.

que l'imbibition fait pénétrer des liquides dans ses couches les plus profondes, de la même manière qu'il en pénètre dans la corne, toujours plus molle, ainsi qu'on le sait, à sa surface interne ; la couleur rouge que prennent les couches internes de l'ivoire, dans les animaux qui font usage de la garance, du moins pendant que les dents croissent encore, suffirait seule pour prouver que cette imbibition a lieu. Ce fait vient d'ailleurs à l'appui des observations récentes de MM. *Magendie* et *Foderé*, lesquelles tendent à démontrer que le mécanisme de l'absorption n'est lui-même qu'une imbibition dans toutes les circonstances.

L'ivoire des jeunes incisives se prolonge jusqu'à l'extrémité de la racine ; il s'en éloigne au contraire à mesure que celle-ci s'alonge et que la dent est chassée au dehors.

L'émail forme une espèce de croûte appliquée sur la substance éburnée de la partie libre ; il est d'un blanc laiteux, plus poli dans les dents d'adulte que dans celles des jeunes et des vieux sujets ; sa dureté est telle, qu'il fait feu au briquet ; il est tout-à-fait impénétrable par les injections. Sa composition chimique est un peu différente de celle de la substance éburnée ; il est presque entièrement formé de phosphate de chaux, et il contient une petite quantité de matière animale, qui ne s'élève qu'à deux pour cent d'après *Berzélius*, tandis qu'il en existe de vingt-huit à trente parties dans la substance osseuse de la dent.

L'intérieur des dents est pourvu d'une cavité qui communique dans le fond de l'alvéole, au moyen d'une ouverture pratiquée à l'extrémité de la racine, et dont le diamètre est d'autant plus grand que la dent est plus jeune. Cette cavité diminue avec l'âge; elle est remplie par une substance gélatineuse, grisâtre, qui n'est autre chose qu'une papille renflée de la muqueuse de la bouche, enveloppée par une membrane parsemée de vaisseaux et de nerfs, qui ne pénètrent point dans la substance éburnée.

La disposition de l'ivoire et de l'émail varie dans chaque sorte de dents; elle n'est pas la même dans les molaires que dans les crochets, et dans ceux-ci que dans les incisives. Nous ne l'examinerons que dans les dernières qui sont l'objet principal de nos considérations.

L'émail, après avoir recouvert toute la surface extérieure, se replie vers la face de frottement et s'enfonce dans l'intérieur de la dent, en formant une cavité conique, qui se rétrécit, et s'ap-

proche du bord postérieur de la dent , d'autant
plus qu'elle est plus près de la racine. Ce prolongement de l'émail présente donc deux parties à
considérer : 1° la cavité qu'il forme à l'extérieur;
2° le cornet qui enveloppe cette cavité. Ce cornet, très-facile à apercevoir en faisant diverses
coupes, est entouré dans les jeunes dents par la
cavité de la pulpe qui se prolonge jusqu'à l'extrémité libre, mais qui existe surtout du côté
correspondant au bord antérieur de la dent (*pl. 1,
fig. 13, 14, 15 et 16*). L'animal avançant en âge,
cette cavité intérieure s'oblitère, et le cornet dentaire n'est plus alors entouré que par une masse
d'ivoire, beaucoup plus épaisse antérieurement
que postérieurement (*pl. 1re, fig. 7, 8, 9 et 10*).
Tenon et Cuvier, ainsi que l'auteur de l'*Anatomie vétérinaire*, admettent une troisième substance dentaire, qu'ils appellent *corticale* ou *cémenteuse*, et qui est répandue sur l'émail. Cette
substance bien moins dure que les deux premières,
produit sur la surface extérieure des jeunes dents
incisives un enduit ou vernis, que le frottement
enlève promptement ; du côté de la table de ces
mêmes dents, elle forme un dépôt noir, que l'on
désigne vulgairement sous le nom de *germe de
fève*. Le corticule dont il s'agit, a beaucoup d'a-

nalogie avec la matière tartreuse, dont s'incruste la base des dents de l'homme; il forme la couche noire, qui revêt la surface des dents molaires des animaux ruminans, et il s'insinue dans les replis qui se trouvent à la table des molaires des herbivores.

Comme il a été dit précédemment, les dents se forment dans l'intérieur des os maxillaires; mais leur développement est plus ou moins précoce, suivant les animaux. Dans le fœtus de jument de trois mois, il n'existe encore aucune trace de dent. L'intérieur des mâchoires laisse seulement apercevoir des cavités, qui plus tard doivent se convertir en alvéoles : ces cavités renferment des vésicules qui sont les futurs noyaux des dents. Vers le quatrième ou cinquième mois, chacune de ces vésicules présente à son sommet, du côté de l'alvéole, une ou plusieurs plaques de substance osséiforme, qui ne tardent pas à se réunir, et forment les circonvolutions que l'on remarque plus tard sur la table de la dent. Ces lames s'épaississent bientôt par l'addition de nouvelles couches à la face interne (1). Il s'en développe

(1) Cette opinion n'est pas tout-à-fait celle de M. de Blainville. Voy. *Dict. d'Hist. natur.*, art. DENT.

en même temps sur les côtés, toujours en procédant de l'extrémité qui doit faire éruption au
dehors, de manière à ce que la racine soit la dernière formée et que les lames d'ivoire soient
toujours plus épaisses vers le sommet du noyau
dentaire. Il suit de là que la pulpe diminue, au
fur et à mesure que la dent grossit; et ce travail
ou cette ossification (qu'on nous passe le mot),
continuant toute la vie, il doit arriver et il arrive
en effet une époque où la pulpe a tout-à-fait disparu, et où il ne reste plus aucune trace de la
cavité qui la renfermait.

L'émail ne se forme point ainsi par une addition successive de couches de dedans en dehors;
il est sécrété par la membrane qui tapisse les parois de l'alvéole, et s'étend sur l'ivoire, qu'il recouvre jusqu'à l'extrémité de la racine. Une
fois l'émail formé, son épaisseur reste toujours
la même, elle ne varie plus. Dans les jeunes molaires, on aperçoit très-distinctement cette substance, appliquée à l'ivoire en forme de lames parallèles entre elles et à l'axe de la dent : ces
lames ont une certaine analogie d'aspect avec
les feuillets du tissu réticulaire de la face antérieure du pied du cheval ; elles n'acquièrent
toute leur densité que plus tard et peu de temps

avant l'éruption, toujours en procédant du bord alvéolaire de la dent. L'émail ne reçoit pas plus de vaisseaux que la substance éburnée : sous tous les autres rapports, il diffère essentiellement de celle-ci. Son épaisseur n'augmente pas avec l'âge; il ne rougit pas par l'usage de la garance ; lorsqu'il est fracturé, les fragmens ne se réunissent pas , comme le font ceux de l'ivoire, par addition de nouvelles couches ; il ne contient pas de fluate de chaux ; enfin, il se dissout plus ou moins complétement dans un acide affaibli , tandis que l'ivoire conserve sa forme , devient seulement transparent et flexible.

La formation des vésicules dentaires et leur ossification n'ont pas lieu précisément à la même époque dans tous les animaux.

Dans le fœtus de jument, de quatre à cinq mois , on trouve douze vésicules dentaires opaques qui commencent à s'ossifier : six pour les molaires, et six pour les incisives. (Les coins sont encore peu marqués.) A mesure que le fœtus approche du terme, l'ossification augmente , de sorte que vers neuf mois les dents sont déjà très-solides, les coins eux-mêmes sont ossifiés , et l'on aperçoit assez distinctement les vésicules de toutes les dents qui doivent sortir par la suite.

La dent croissant continuellement et dans tous les sens , écarte progressivement les parois de la cavité, qui la renferme et qui n'est bientôt plus assez grande pour la contenir : elle doit donc tendre à perforer l'alvéole du côté le moins résistant, et elle sort par conséquent du côté de la bouche, vers le bord alvéolaire du maxillaire, en perçant la lame osseuse et la gencive qui la recouvre.

Une fois que leur éruption est faite, les dents continuent à croître en longueur du côté de la racine, pendant un temps beaucoup plus long dans le cheval et autres monodactyles, que dans les autres grands herbivores domestiques. Cet accroissement continuel étant accompagné d'une égale tendance à faire éruption au dehors, il en résulte nécessairement que les portions usées sont constamment remplacées par d'autres, et que telle portion de la dent qui, à l'âge de six ans, faisait partie de la racine, forme la table à une époque avancée de la vie. C'est d'après cet accroissement continuel des incisives , que *Tenon*, *Lafosse* et *Pessina* ont établi des principes, d'après lesquels il est possible d'indiquer l'âge des chevaux qui dépassent sept ou huit ans, avec plus de certitude qu'au moyen des caractères donnés par *Buffon*, *Daubenton*, *Bourgelat*, etc.

Nous avons vu, en effet, qu'une dent incisive qui a fait toute son éruption, mais qui n'a point encore frotté, se trouve être vers l'extrémité libre, aplatie d'avant en arrière; qu'à quelques lignes plus bas elle devient ovale, puis arrondie, puis triangulaire, puis enfin aplatie d'un côté à l'autre. La dent sortant toujours dans la même proportion qu'elle use, chacune de ces parties, ovale, arrondie, triangulaire, etc., vient successivement former la surface de frottement; il a suffi de spécifier à quelles époques ces changemens survenaient à la table des dents, pour avoir des notions assez précises sur l'âge des vieux chevaux. Il en est de même de la cavité; elle se rétrécit, devient ovale, triangulaire; et lorsqu'elle disparaît, elle fait place au cul-de-sac du cornet dentaire.

Ce n'est pas seulement à cause de leur disproportion avec les alvéoles, que les dents sont chassées au dehors. A l'époque où la cavité est oblitérée et où les racines cessent de croître, l'os maxillaire prend lui-même de l'accroissement, les pousse au dehors, et finit par remplir et oblitérer en partie la cavité alvéolaire.

Cette action des mâchoires sur les dents n'est

pas·douteuse. La forme que prennent la tête et les dents, dans la vieillesse, en est une preuve. Nous avons dit que les incisives, très-larges vers leur surface de frottement, étaient beaucoup plus étroites vers l'alvéole. Cette dernière partie, dans un âge plus avancé, forme la surface de frottement, et la dent est alors presque de la même largeur partout. Les incisives devraient donc être, comme dans le bœuf, écartées les unes des autres; au contraire, elles se rapprochent, et ce phénomène ne peut être dû qu'à l'action des maxillaires.

Il serait difficile de déterminer de quelle quantité une dent incisive pousse par année. *Pessina* l'a cependant entrepris; il prétend qu'elles sont usées d'une ligne par an dans les chevaux de race distinguée, et d'une ligne et demie dans les chevaux communs. Comme leur longueur est toujours à peu près la même, du moins dans la majeure partie des chevaux, il suivrait de là que ces dents sont chassées au dehors, chaque année, de la même quantité de lignes.

Lorsqu'il manque une dent molaire, la dent correspondante dans l'autre mâchoire acquiert une longueur considérable : ce n'est donc pas l'usure qui détermine la pousse continuelle de la dent en dehors : l'accroissement n'en continue pas moins. Les exemples de ce genre sont fréquens (1).

Tout ce que nous venons de dire s'applique spécialement aux dents d'adulte, à celles qui ont pris la place des dents fœtales et qui persistent le reste de la vie.

Ces dents suivent d'ailleurs, dans leur évolution, le même ordre que les dents de lait : tout porte à croire qu'elles existent en même temps, que seulement elles ont besoin d'un temps plus long pour arriver à leur perfection. Elles forment une rangée de vésicules en dedans ou en arrière, et en dessus ou en-dessous des caduques,

(1) Ténon a calculé que les dents molaires du cheval pourraient acquérir la longueur d'environ six pouces, si elles ne perdaient rien par l'usure. Dans une tête de jument, sacrifiée en octobre 1805, pour les travaux anatomiques, et marquant de six à sept ans, les dents molaires supérieures droites n'avaient été usées que par leur face latérale interne, et elles s'étaient conservées intactes sur la face opposée ; la rangée inférieure, qui passait en dedans, avait perforé la voûte palatine ; les molaires supérieures avaient acquis une longueur extraordinaire : l'une de ces dents, mesurée de l'extrémité de la racine à l'extrémité de la table, marquait cinq pouces, et la différence en moins n'était que de quelques lignes pour les autres molaires.

4

et présentent absolument les mêmes considérations. Dans le principe, elles existent au fond de
l'alvéole, se rapprochent peu à peu du bord
alvéolaire, s'ossifient, usent la cloison qui sépare
leur loge de celle de la caduque correspondante,
détruisent la racine de celle-ci, compriment ses
vaisseaux et ses nerfs; elles finissent par déterminer sa chute, et ne tardent pas elles-mêmes à
se faire jour au dehors.

Il y a non-seulement usure, mais encore absorption de la racine des dents caduques. Cela
est surtout remarquable dans les molaires, qui
ne forment plus qu'une petite plaque lorsqu'elles
tombent.

Les molaires de remplacement poussant immédiatement au dessus ou au-dessous des caduques, il est facile de se rendre compte de la
chute de celles-ci. Dans les incisives, il n'en est
pas de même; les remplaçantes forment une rangée de dents, plus larges que les caduques et
situées en arrière, de manière à ce que leurs
extrémités ne se correspondent pas directement.
Il suit de là que le remplacement des incisives
se fait en général beaucoup moins régulièrement
que celui des molaires, et que l'arcade incisive
présente assez souvent des surdents.

Le mode d'accroissement et d'éruption des incisives de remplacement, explique encore pourquoi la racine des caduques se déprime par sa face postérieure et ne forme plus, à une certaine époque, qu'un long appendice, mince, susceptible de se briser plus ou moins près du collet dentaire, et de rester implanté dans l'alvéole, contre la dent de remplacement. Ces portions dentaires s'observent surtout lorsqu'on cherche à arracher de trop bonne heure les incisives caduques, et qu'on en brise la racine. La destruction de cette racine par les remplaçantes fait que la table de celles-ci ne présente jamais d'étoile radicale, et la raison en est trop sensible pour qu'elle ait besoin d'explication. Nous ferons encore observer que, lorsque l'incisive caduque cesse de recevoir de la nourriture, elle devient plus blanche, plus polie et plus lisse.

ARTICLE III.

Signes au moyen desquels on peut reconnaître l'âge.

Les dents sont incontestablement les parties du corps susceptibles de fournir les indices les plus sûrs pour distinguer le nombre des années des animaux, et les incisives servent spécialement à cet usage; ce sont mêmes les seules dents, qui donnent des notions exactes sur l'âge du cheval, pendant presque toute la durée de sa vie. La difficulté d'examiner les molaires, l'irrégularité de leur table, s'opposent à ce que l'on puisse obtenir quelque résultat de l'inspection de ces dents. Quant aux crochets, outre qu'ils n'existent pas dans les jumens, l'époque de leur éruption est très-variable : comme ils ne frottent l'un sur l'autre que de côté et en se croisant, ils ne peuvent être regardés que comme des moyens accessoires.

L'étude de l'âge des monodactyles par l'inspection des dents incisives, offre trois périodes distinctes, les changemens particuliers aux dents caduques, l'éruption et le rasement des remplaçantes, enfin les nuances diverses que présentent ces dernières, à partir du rasement jusqu'à la vieillesse la plus avancée.

1°. *Éruption et rasement des caduques.* — Les poulains régulièrement parvenus à terme, naissent ordinairement au printemps, et c'est aussi de cette saison que l'on compte pour les chevaux le commencement de chaque année. Il est très-rare qu'à cette époque aucune des dents incisives ait fait son éruption ; la première et la deuxième molaire sont les seules qui soient presque toujours sorties ; lorsqu'elles ne le sont pas au moment de la naissance , elles ne tardent jamais plus de trois ou quatre jours; la troisième est constamment sortie avant la fin du 1er mois.

Les pinces sortent de. . . . . . 6 à 8 jours.

Les mitoyennes, de. . . . . . . 30 à 40 jours.

Les coins, de. . . . . 6 à 10 mois.

On aperçoit, à l'instant où chaque incisive fait son éruption , un bord tranchant convexe antérieurement, concave postérieurement ; c'est le bord antérieur ; le postérieur n'est apparent que quelques jours après , et c'est alors qu'on distingue la cavité.

L'éruption de ces dents est d'autant plus précoce que la mère est mieux portante, le poulain mieux nourri et mieux portant lui-même. Au reste, une connaissance précise de l'instant de la sortie des incisives caduques est peu importante à cette époque où le poulain n'a point encore quitté sa mère, ou bien ne s'en est pas encore éloigné, de manière à ce qu'on ne puisse pas se procurer de renseignemens positifs sur son âge (*Pl. 1 , fig. 1*).

Les incisives de la mâchoire supérieure pa=
raissent ordinairement un peu plus tôt. Cela
n'est cependant pas tellement général, que le
contraire n'arrive quelquefois.

Les deux molaires qui se montrent à la naissance, signalent encore l'âge de deux à deux ans
et demi par leur chute et par la sortie des remplaçantes. Mais à partir de cette époque, les molaires ne peuvent servir à la connaissance de l'âge
et l'on ne doit plus consulter que les incisives (1).

Dès l'instant où les dents incives ont fait éruption, elles subissent quelques changemens par
suite du frottement exercé sur celles qui leur
correspondent. Leur bord antérieur, qui était
beaucoup plus élevé et tranchant, commence à
s'user. Bientôt il est au niveau du postérieur ;
alors ils s'usent simultanément ; la cavité qui
était d'abord très-alongée, se rétrécit, devient
triangulaire ; enfin, à une certaine époque elle
disparaît et elle est remplacée par le cul-de-sac

(1) Les molaires supplémentaires, lorsqu'elles existent,
sortent ordinairement de cinq à six mois.

Quant aux arrière-molaires, il est trop difficile de les examiner pour qu'elles servent à la connaissance de l'âge. On
aperçoit la première vers dix à onze mois ; la deuxième à vingt
mois, et la troisième de quatre à six ans.

du cornet dentaire; c'est cette usure exécutée régulièrement qui constitue ce que l'on appelle *rasement* (*Pl.* 1re, *fig. 4*). Ce rasement a lieu dès l'instant où les dents sont en rapport, de sorte qu'il est souvent complet dans les pinces, lorsque les coins commencent à sortir : il est, du reste, très-variable dans les dents caduques, et ne peut donner que des indices peu certains, soit parce qu'il existe une grande irrégularité dans l'époque de l'éruption des coins, soit parce qu'il y a de la variation dans l'époque où l'on a sevré les poulains et dans celle où ils ont fait usage de nourriture fibreuse, soit enfin parce que cette nourriture elle-même est plus ou moins dure, suivant les localités.

Lorsqu'une dent incisive a commencé à raser, que ses deux bords sont de niveau, la table présente deux rubans d'émail, un extérieur qui enveloppe la dent, c'est *l'émail d'encadrement*; l'autre intérieur, qui circonscrit seulement la cavité, c'est *l'émail central* (1) (*Pl.* 1re, *fig.* 3-4). Dans tous les cas, les incisives de la mâchoire inférieure rasent plus vite que celles de la supérieure, et leur rasement est toujours

_____

(1) Tenon, *loc. cit.*

beaucoup plus régulier. On a recherché la raison de cette différence sans pouvoir en donner de parfaitement juste : selon les uns, le corps frottant usant toujours plus que le corps frotté, et la mâchoire inférieure étant plus mobile , ses dents devaient être rasées plus tôt ; d'autres ont pensé que cela tenait à la force et à la densité des incisives supérieures, chez lesquelles la couche d'émail extérieur et le cornet dentaire sont plus épais. La seule cause de cette différence gît dans la disproportion qui existe entre le cornet des incisives supérieures et le cornet des inférieures. Dans toutes les dents que j'ai examinées comparativement, la cavité était plus profonde et le cornet plus long d'environ un tiers dans les dents supérieures ; et cela explique très-bien pourquoi les dents supérieures semblent s'user moins vite, tandis qu'elles s'usent tout autant que les inférieures. Quelle que soit la véritable cause de cette différence, elle est très-remarquable. On observe aussi que le rasement est beaucoup plus régulier dans la mâchoire inférieure ; cela tient sans doute à la manière dont elle frotte contre la supérieure.

Il suit, dans tous les cas, de cette observation applicable surtout aux dents remplaçantes, qu'il est difficile de déterminer l'époque exacte du rasement des dents de la mâchoire supérieure, et que tous les auteurs qui ont regardé ce rasement comme pouvant servir à la connaissance de l'âge, sont tombés dans l'erreur.

Les pinces inférieures sont toujours rasées à. . . . .   10 mois.

    Les mitoyennes à. . . . .   1 an.

Et les coins. . . . .   de 15 à 24 mois.

Déjà les pinces supérieures sont presque tout-à-fait rasées, de telle sorte qu'à deux ans la cavité a disparu dans toutes les dents, tant de la mâchoire inférieure que de la supérieure.

A cette époque, les pinces semblent se rapetisser, elles deviennent colletées à leur base, se déchaussent et prennent une couleur d'un brun jaunâtre; bientôt elles s'ébranlent, tiennent à peine dans l'alvéole et tombent pour faire place à d'autres dents. C'est alors que commence la deuxième époque de l'âge du cheval.

2°. *Éruption et rasement des remplaçantes.* — Ainsi que nous l'avons vu, les incisives de remplacement sont rangées en arrière des caduques, et sortent successivement comme ces dernières, d'abord en montrant le bord antérieur, dont l'apparition est suivie, un ou deux mois après, de celle du bord postérieur. Les dents de la mâchoire supérieure paraissent en général huit à quinze jours plus tôt.

Les pinces sortent de deux ans et demi à trois ans.

Les mitoyennes, de trois ans et demi à quatre ans.

Les coins, de quatre ans et demi à cinq ans.

De sorte qu'un cheval de trois ans doit avoir quatre incisives d'adulte, un cheval de quatre ans en a huit, et à cinq ans toutes les incisives sont sorties.

Telle est la marche indiquée dans tous les ouvrages sans aucune explication, et ce laconisme est cause de plus d'une erreur. Il est certain que si on laissait agir la nature, il en serait presque toujours ainsi; je dis *presque toujours*, parce qu'il est des cas où l'état de la mâchoire est différent.

Nous avons déjà dit que l'on devait regarder tous les chevaux comme nés au printemps; mais la naissance peut être (d'un cheval à un autre) avancée ou retardée de trois ou quatre mois. Celui chez lequel elle a été retardée, est, je suppose, d'une race qui se développe lentement, d'un tempérament débile, il a été mal nourri;

l'autre, au contraire, se trouve dans des circonstances tout-à-fait opposées. On les examine au mois d'août; dans l'un, les coins sont visibles, dans l'autre il n'y en a pas d'apparence; les mitoyennes seules sont dehors. Cependant l'un et l'autre n'ont véritablement que quatre ans. Voyons les neuf mois plus tard, au mois de mai: le premier a douze incisives bien sorties; les coins dans le second ne font que paraître; ils ont cependant cinq ans tous les deux.

Il est toutefois assez rare que cela arrive lorsqu'on abandonne la nature à elle-même. Mais les marchands, qui sont intéressés à donner aux jeunes chevaux le plus d'âge possible, arrachent les coins, quelquefois les mitoyennes caduques, hâtent ainsi l'éruption des permanentes, et donnent en apparence au cheval plus d'âge qu'il n'en a réellement. Il suit de là que tout cheval (surtout si les autres parties sont très-développées) qui, au mois de mai, et à plus forte raison de juin, n'a pas les coins apparens et même bien sortis, doit être regardé comme n'ayant que quatre ans. Il faut, en un mot, que le cheval ait soixante mois pour avoir cinq ans (1).

_____

(1) Ceci n'est pas une plaisanterie. Tous les vétérinaires sa-

Quand le cheval n'a pas encore cinq ans, mais qu'il ne s'en faut que de deux, trois ou quatre mois ; on dit *qu'il prend* cinq ans. S'il est, au contraire, plus près de quatre ans que de cinq, on dit qu'il a quatre ans *faits*. La différence entre *prendre un âge*, et *avoir un âge fait*, est donc relative à l'époque où l'on examine les chevaux, puisqu'ils sont tous supposés nés au printemps (1).

La première molaire de remplacement paraît ordinairement du trentième au trente-deuxième mois ; les deux autres tardent quelquefois jusqu'à trois ans. Les molaires supplémentaires, lorsqu'elles existent, sont assez ordinairement expulsées par la première molaire remplaçante, en même temps que la première molaire caduque. Quelquefois celle-ci pousse à côté, alors la

vert, bien que, suivant les marchands, les coins sont les dents de cinq ans ; or, disent-ils, un cheval qui a les dents de cinq ans ne peut pas ne pas avoir cinq ans. Les ordonnances relatives aux remontes portent que les chevaux, pour être admissibles, doivent être âgés de cinq ans, ou *soixante mois révolus.*

(1) La sortie des dents, tant caduques que persistantes, n'a pas lieu à la même époque dans tous les pays. Ainsi, dans les chevaux du midi de la France, qui sont élevés dans leur pays natal, l'éruption des incisives de remplacement a lieu quelquefois dans les premiers jours de septembre, le plus souvent

supplémentaire persiste plus long-temps; cela
arrive plus souvent en bas, où la supplémentaire est moins près de la première avant-molaire.

C'est pendant cette époque que les crochets
sortent. Le moment de leur éruption est peu
fixe ; quelquefois ils existent à trois ans, d'autres
fois ils tardent jusqu'à six ; mais l'époque la plus
constante est quatre ans ; on ne peut donc tirer
de l'état de ces dents, que des principes fort
incertains.

L'effort des dents pour faire leur éruption,
s'exerce dans tous les sens, et non pas seulement
du côté de l'endroit où elles doivent sortir ; il
est facile de s'en convaincre sur les têtes des chevaux ou des poulains, morts pendant la denti-

au commencement d'octobre ; elles sont toujours sorties dans
la première quinzaine de décembre. Cette éruption est plus
tardive dans les climats plus froids : en Normandie, par
exemple, elle n'a lieu, lorsqu'elle se fait naturellement, que
dans les mois de janvier, février, mars, et même avril. Dans
le Limousin, elle est rarement terminée avant le mois de janvier. Ces variétés sont tellement dépendantes du climat, que
lorsque les poulains sont transportés d'un pays froid dans un
chaud, l'éruption est plus précoce ; elle est plus tardive dans
le cas contraire, et cela d'autant plus que la température des
lieux est plus différente.

tion. Les lames des os maxillaires sont usées et souvent même perforées; aussi ces époques, surtout celle de la seconde dentition, sont-elles dans tous les animaux le signal de maladies inflammatoires, différentes selon les espèces, et plus ou moins graves suivant que l'éruption se fait plus ou moins difficilement. L'écartement des parois des os maxillaires, la fluxion qui en est la suite, donnent à la tête une rondeur, un air de jeunesse qui disparaît avec les causes.

Le rasement des incisives d'adulte se fait assez régulièrement, mais non pas au point de pouvoir déterminer rigoureusement l'âge d'un cheval, comme on serait tenté de le croire en lisant tous les ouvrages vétérinaires qui ont traité de cet objet.

Ils rapportent tous que les pinces inférieures rasent de cinq à six ans, les mitoyennes de six à sept ans, et les coins de sept à huit, etc. Mais depuis l'âge de trois ans, époque de la sortie des pinces, jusqu'à cinq, elles ont eu le temps de frotter, et elles sont déjà rasées presque tout-à-fait lorsqu'on aperçoit les coins; c'est donc à l'inspection des dents qui ont éprouvé le moins d'usure, qu'il faut s'en rapporter. Par conséquent, à cette époque, on doit consulter l'état des coins, et il sera difficile, pour peu qu'on ait d'habitude, de se méprendre sur l'âge exact de l'animal.

A cinq ans, lorsque les circonstances que nous avons signalées n'existent pas, les coins viennent de sortir ; ils ne sont point encore au niveau des mitoyennes (1), et leur bord antérieur est beaucoup plus élevé que le postérieur. Le bord antérieur des mitoyennes se trouve légèrement usé ; dans les pinces, il est au niveau du postérieur, et la cavité dentaire a complètement ou presque complètement disparu. L'ensemble des incisives, tant supérieures qu'inférieures, représente un demi-cercle assez régulier ; les crochets sont le plus souvent entièrement sortis, mais n'offrent encore aucune usure.

A six ans, les coins étant un peu plus élevés, se trouvent presqu'au niveau des mitoyennes ; le bord externe est un peu usé, les mitoyennes sont dans l'état où étaient les pinces à cinq ans ; les pinces sont tout-à-fait rasées (2).

(1) Nous parlons toujours des dents inférieures lorsque nous ne désignons pas, parce qu'elles seules rasent régulièrement.

(2) A cette époque, la dernière molaire est sortie, et le

A sept ans, les mitoyennes sont rasées, le bord externe des coins est au niveau de l'interne, on aperçoit quelquefois une échancrure aux coins supérieurs.

A huit ans enfin, toute la mâchoire inférieure est rasée (1), les dents sont de niveau, leur forme n'est plus la même, elles sont devenues ovales, et la cavité a fait place à une exubérance d'émail alongé transversalement, qui est le cul-de-sac du cornet dentaire, la terminaison de l'émail central (*Pl.* I, *fig.* 10).

3° *Formes successives que prennent les dents; leur nivellement* (2) *et leur éto le.* Après huit ans, le rasement des incisives supérieures est, suivant

cheval a quarante dents, dont douze incisives, vingt-quatre molaires et quatre crochets, sans compter les supplémentaires, lorsqu'elles existent.

(1) Cela n'est cependant pas constant. La cavité des coins subsiste souvent à neuf ans, même au-delà. Cela tient à ce que ces dents ne s'usent pas régulièrement.

(2) Par nivellement des dents, nous entendons exprimer l'époque où la table de l'incisive, complétement débarrassée de l'émail central, devient lisse, unie, et de niveau dans tous ses points. Cette période de l'usure suppose toujours la destruction entière du cornet dentaire, qui, tant qu'il en subsiste un restant, fait exubérance et rend la table inégale. Toute table nivelée peut cependant être oblique, ou horizontale, et même concave.

la plupart des auteurs, le seul moyen de reconnaître l'âge. Dès long-temps on a senti l'insuffisance de ce moyen, puisque l'on déclarait *hors d'âge* tous les chevaux qui avaient plus de huit ans. Cette expression était une espèce d'anathème contre tous ceux auxquels on l'appliquait. Il y a cependant une grande différence, pour le prix et pour les services qu'on peut en attendre, entre un cheval de neuf ans et un de dix-huit, et il n'est pas indifférent de rechercher les moyens de distinguer l'âge de ceux qui ont passé cette terrible époque.

Nous avons vu que les incisives, comme les autres dents du cheval, poussaient toute la vie ; que chacune de leurs parties formait successivement la table, et que lorsque l'usure avait été régulière, lorsqu'en un mot la dent avait bien rasé, cette table devenait, avec l'âge, ovale, arrondie, triangulaire, puis enfin aplatie d'un côté à l'autre (*Pl.* 2, *fig.* 8 *et* 9). Nous extrairons des observations de Pessina, beaucoup trop minutieuses et trop circonstanciées sous tous les rapports, celles dont l'expérience nous a démontré l'exactitude, et que nous croyons pouvoir être admises.

5

Les incisives qui, à l'époque de leur éruption,
à l'âge de trois, quatre et cinq ans, étaient aplaties d'avant en arrière et fort alongées d'un côté
à l'autre, diminuent progressivement d'étendue
dans ce dernier sens; de sorte qu'à huit ans les
pinces inférieures prennent une forme ovale,
qui se fait remarquer successivement dans les mitoyennes et les coins, et qui se rétrécit peu à
peu; les tables de ces mêmes dents s'arrondissent
jusqu'à treize ans; elles prennent alors un nouvel aspect et deviennent triangulaires dans le
même ordre qu'elles étaient devenues ovales et
arrondies (*Pl.* 2, *fig.* 7 *et* 8).

Cette forme triangulaire est peu marquée dans
le principe, les bords en sont légèrement arrondis, et les trois côtés sont à peu près de la même
longueur; bientôt les parties latérales s'alongent,
tandis que le côté antérieur semble diminuer,
les extrémités deviennent angulaires, et cet alongement est bientôt tel, qu'à dix-neuf ou vingt
ans les incisives se trouvent véritablement aplaties d'un côté à l'autre (1) (*fig.* 9). Cet aplatis-

(1) Dans certains sujets, les incisives de la mâchoire inférieure présentent, à l'âge de six ans faits, une forme triangulaire bien déterminée, telle à peu près qu'on l'observe à l'âge

sement s'étend successivement des pinces aux
mitoyennes et aux coins, de manière à pouvoir
faire reconnaître l'âge jusqu'à vingt-deux ou
vingt-trois ans.

Telles sont en substance les remarques de Pessina, et, prises ainsi d'une manière générale,
elles présentent assez d'exactitude. Il n'en est pas
de même dans les détails qu'il donne, et dans
les divisions et subdivisions qu'il établit parmi
ces différentes époques. Il raisonne d'abord
comme si les formes arrondies, triangulaires,
biangulaires, étaient aussi régulières que des
figures géométriques ; et certes, il est loin d'en
être ainsi, au moins dans le plus grand nombre
des cas. On croirait, d'après ce qu'il avance,
que la mâchoire supérieure s'use avec autant
de régularité que l'inférieure, et que les caractères qu'elle présente et les principes que
l'on peut en tirer, sont tout aussi réguliers et
tout aussi peu variables. Nous ne pourrions, pour
faire sentir dans quelle erreur il est tombé, que

---

de quatorze à quinze ans. Cette triangularité extraordinaire,
très-facile à distinguer par la présence de l'émail central sur
toutes les incisives inférieures, ne peut pas en imposer.

répéter ce que nous avons déjà dit sur le *rase-ment* ou la disparition de la cavité extérieure dans l'une et l'autre mâchoire. Enfin, à l'en croire, il est arrivé, sous le rapport de la connaissance de l'âge, au dernier degré d'exactitude; et l'apparition de ces différentes formes est si régulière, si précise, son époque si bien indiquée, qu'il n'est pas possible de se tromper, même de quelques mois. Nous laissons aux vétérinaires à juger de l'exactitude de ces assertions.

Lorsque, par suite du rasement, la cavité extérieure des incisives a disparu, on n'aperçoit plus sur la surface de frottement qu'un noyau de substance émailleuse, alongé d'un côté à l'autre, légèrement déprimé dans son milieu (1), et situé un peu plus près du bord postérieur que du bord antérieur de la dent. Ce noyau, qui n'est autre chose que le cul-de-sac du cornet dentaire extérieur ou de l'émail central, persiste encore

(1) L'exubérance de l'émail central est due à ce qu'il est entouré d'ivoire qui, étant beaucoup moins dur, s'use plus promptement. Cette inégalité est remarquable, surtout à la table des molaires, où l'on distingue très-bien les rubans d'émail, ce qui leur donne quelque ressemblance avec des meules de moulin déjà usées.

jusqu'à une certaine époque; il se rétrécit, s'arrondit, se rapproche du bord postérieur et finit par disparaître entièrement (*Pl. 2, fig. 4 et 5*). Ces phases successives et cette disparition ne doivent point étonner, si l'on se rappelle la disposition de ce cornet dentaire, telle que nous l'avons indiquée plus avant. Nous avons dit en même temps que la cavité pulpeuse se prolongeait dans la partie libre de la dent, entre les deux faces internes de l'émail central. Cette cavité s'oblitérant par l'addition de nouvelles couches d'ivoire, présente bientôt, comme celle de l'extérieur, un cul-de-sac de substance éburnée, qui, par suite de la pousse et de l'usure continuelle de la dent, paraît à une certaine époque sur la surface de frottement et y forme l'étoile dentaire.

Avant la destruction complète de la première de ces marques (de l'émail central), lorsqu'elle est à peu près ovale, on voit paraître le cul-de-sac de la cavité de la pulpe, en avant de la première et contre le bord antérieur de la table, sous la forme d'une zône d'abord transversale et jaunâtre, puis ronde et grisâtre, ensuite blanche et alongée d'avant en arrière (*fig. 3 et 4*). Elle diffère essentiellement de la première marque en ce qu'elle ne forme jamais saillie et qu'elle est toujours au même niveau que le reste de la surface de la table ; on observe aussi qu'elle persiste jusqu'à la chute de la dent., et que si elle disparaît quelquefois, elle est constamment remplacée par une petite cavité ronde et noire.

Nous devons rappeler, avant d'aller plus loin, que le cornet, bordé d'émail, n'est pas de la même longueur dans toutes les incisives ; il est ordinairement plus long dans les mitoyennes que dans les pinces , et dans celles-ci que dans les coins ; cette différence est quelquefois telle, qu'il a déjà disparu dans les coins lorsqu'il persiste encore dans les autres incisives. On sait aussi que sa longueur est comparativement plus grande de près de moitié dans les dents d'en haut ; l'émail central doit donc y persister plus long-temps. Cependant la longueur totale des incisives supérieures est la même que celle des inférieures ; elles doivent donc toutes subir leur changement de forme en même temps, puisqu'elles sont de la même longueur, qu'elles s'usent et poussent continuellement au-dehors de la même quantité de lignes , et les observations de Pessina , sous ce rapport, manquent donc tout-à-fait d'exactitude.

Nous raisonnons dans l'hypothèse où l'usure des dents se ferait régulièrement à la mâchoire supérieure ; nous avons vu que le plus souvent il n'en était pas ainsi.

En faisant l'application de tous les principes que nous venons d'exposer, on peut reconnaître l'âge aux différentes époques, d'après les caractères suivans :

A huit ans (*Pl.* 2 , *fig.* 1) , rasement complet (le plus souvent) de la mâchoire inférieure ; les pinces , les mitoyennes et les coins sont ovales ; l'émail central est triangulaire et plus proche du bord postérieur que du bord antérieur de la dent, l'étoile dentaire apparaît près du bord antérieur, sous forme d'une bande jaunâtre , alongée d'un côté à l'autre.

A neuf ans (*fig.* 2) les pinces inférieures s'arrondissent , la table des mitoyennes et des coins se rétrécit, l'émail central diminue et se rapproche du bord postérieur.

A dix ans (*fig.* 3), les mitoyennes s'arrondissent, l'émail central est très près du bord postérieur, et arrondi.

A onze ans (*fig.* 4), les mitoyennes sont arrondies, l'émail central n'est presque plus apparent dans les dents inférieures.

A douze ans (*fig.* 5), les coins sont arrondis, l'émail central a tout-à-fait disparu, la table est nivelée; l'étoile dentaire, plus étendue, occupe à peu près le milieu de la surface de frottement; et le cul-de-sac du cornet persiste dans les dents de la mâchoire supérieure.

A treize ans (*fig.* 6), toutes les incisives inférieures sont arrondies, les côtés des pinces s'alongent, le cul-de-sac du cornet s'efface dans les coins de la mâchoire supérieure; il est rond et très rapproché du bord postérieur sur les pinces et les mitoyennes supérieures.

A quatorze ans (*fig.* 7), les pinces inférieures ont une apparence de triangularité, les mitoyennes s'alongent sur les côtés, l'émail central des dents supérieures diminue, mais il persiste encore.

A quinze ans (*fig.* 8), les pinces sont triangulaires, les mitoyennes commencent à le devenir, l'émail central de la mâchoire supérieure n'a point encore disparu.

A seize ans, les mitoyennes sont triangulaires, les coins commencent à le devenir, l'émail cen-

tral a souvent disparu dans les mitoyennes supérieures.

A dix-sept ans (*fig.* 9), triangularité complète
de la mâchoire inférieure; mais, ainsi que nous
l'avons vu, les côtés du triangle sont tous trois
de la même longueur; à cette même époque les
pinces supérieures qui usent régulièrement, perdent leur émail central et parviennent au nivellement.

A dix-huit ans, les parties latérales de ce triangle s'alongent successivement des pinces aux mitoyennes et aux coins, de telle sorte que, à dix-
neuf ans, les pinces inférieures sont aplaties d'un
côté à l'autre.

A vingt ans, les mitoyennes ont la même forme.

Enfin, à vingt-un ans, cette forme paraît dans
les coins.

A partir de cette époque, les incisives n'offrent
plus de caractères distinctifs propres à guider
même approximativement; ces dents s'aplatissent
de plus en plus, et semblent converger les unes
vers les autres en se touchant seulement par leur
bord latéral antérieur; elles se déchaussent, les
gencives blanchissent, les mâchoires se rétrécissent, la table dentaire devient grisâtre; les in-

cisives sont jaunâtres dans tout le reste de leur étendue , enveloppées souvent à leur base d'une couche épaisse de tartre, tandis que tout annonce dans l'individu la vieillesse et la caducité.

La pousse continuelle des dents du cheval du côté de la racine , la longueur qu'acquiert cette racine sont telles , que l'alvéole ne se trouvant pas assez longue , l'effort de la nouvelle portion de racine s'exerce sur la dent de manière à la chasser au-dehors. A cette considération, il faut ajouter que , les nouvelles productions dentaires étant toujours plus étroites , il était nécessaire que l'alvéole revînt sur elle-même pour fixer la dent ; de là le rétrécissement et la direction horizontale des mâchoires dans un âge avancé , changement très remarquable , que Tenon et autres ont attribué à la manière dont les mâchoires frottent l'une contre l'autre ; tandis que cette action des mâchoires ne peut être considérée que comme très secondaire dans la production de ces phénomènes. Quoi qu'il en soit de ces explications, il est constant que les côtés des maxillaires supérieurs s'affaisent , que le maxillaire inférieur se redresse , que la tête semble s'alonger et s'effiler ; ce qui donne à l'individu un air de vieillesse, sur lequel il est difficile de se méprendre. La direction horizontale des mâchoires, due à la même cause, est toujours aussi l'indice d'un âge avancé; mais cette direction, très marquée dans certains chevaux, ne l'est pas du tout dans d'autres : quelle en est la raison?

Au résumé, les incisives du cheval restent gnomones bien au-delà du terme assigné par les Grecs; elles marquent toute la vie, et elles indiquent les divers degrés de l'âge jusqu'à vingt ans; 1º par l'ordre de leur éruption; 2º par le rasement de leur cavité extérieure; 3º par les changemens et la disparition de leur cornet; 4º enfin, par les formes successives que prend leur table après neuf ans, et qui sont l'*ovalité*, la *rotondité*, la *triangularité* et la *biangularité*. L'éruption et le rasement sont assurément les changemens, qui fournissent les signes les plus certains pour la distinction du nombre des années; pendant les quatre à cinq années qui suivent le rasement, la connaissance de l'âge est encore assez sûre, parce qu'il y a plusieurs moyens de rectification, tels que l'état du cul-de-sac du cornet, l'apparition de l'étoile dentaire, le nivellement de la table et la forme que celle-ci affecte. Les époques de la triangularité et de la biangularité offrent les plus grandes difficultés : les données de ces dernières époques ne sont, le plus souvent, qu'approximatives ; il est même impossible de prononcer affirmativement sur l'âge d'un cheval de seize à vingt ans.

Pour résumer les diverses considérations sur l'âge des chevaux, les rendre plus concises, plus faciles à saisir, nous avons cru devoir rédiger le tableau qui suit et que l'on pourra consulter dans tous les cas. Ce tableau, dont le modèle se trouve dans Pessina, aura le double avantage d'éviter les recherches des observations éparses dans le corps du Mémoire, et de mettre les principes établis à la portée de tout le monde.

TABLEAU DE L'AGE DU CHEVAL, DEPUIS CINQ ANS (¹).

AGE.	PINCES.	MITOYENNES.	COINS.	OBSERVATIONS.
5 ans.	Rasées plus ou moins complètement.	Au niveau des pinces, bord postérieur au niveau de l'antérieur.	Moins élevés que les mitoyennes; échancrure au bord postérieur, qui n'est pas au niveau de l'antérieur.	A cette époque, les coins sont frais, quoique bien sortis, l'arcade dentaire des incisives forme un demi-cercle très-régulier.
6 ans.	Rasées; cul-de-sac du cornet dentaire extérieur, légèrement concave dans son milieu.	Rasées.	De niveau avec les mitoyennes; bord antérieur un peu usé.	
7 ans.	Email central triangulaire.	Rasées; cul-de-sac de l'émail central concave dans son milieu.	Bord postérieur au niveau de l'antérieur; commencement de rasement.	Echancrure aux coins supérieurs dans beaucoup de mâchoires.
8 ans.	Ovales; émail central rétréci et plus près du bord postérieur.	Ovales; émail central triangulaire.	Rasés; émail central concave dans son milieu.	Apparition du cul-de-sac de la cavité intérieure, sous forme d'une petite bande jaunâtre ou grisâtre, alongée transversalement, située entre l'émail central et le bord antérieur de la dent.
9 ans.	Arrondies; émail central arrondi et très-près du bord postérieur.	Ovales; émail central arrondi et rapproché du bord postérieur.	Ovales; émail central triangulaire.	
10 ans.	Arrondies; émail central rond et encore plus près du bord postérieur.	Arrondies; émail central, comme dans les pinces.	Ovales; émail central, comme dans les pinces et les mitoyennes.	
11 ans.	Arrondies; l'émail central a disparu, ou ne forme plus qu'une petite tache ronde qui touche le bord postérieur.	Arrondies; l'émail central comme dans les pinces.	Arrondies; émail central, comme dans les pinces et les mitoyennes.	
12 ans.	Arrondies; l'émail central a disparu.	Arrondies; l'émail central a disparu.	Arrondis; l'émail central a disparu.	
13 ans.	Arrondies.	Arrondies.	Arrondis.	Disparition de l'émail central aux coins supérieurs.
14 ans.	Triangulaires.	Arrondies.	Arrondis.	
15 ans.	Triangulaires.	Triangulaires.	Arrondis.	
16 ans.	Triangulaires.	Triangulaires.	Triangulaires.	
17 ans.	Triangulaires.	Triangulaires.	Triangulaires.	
18 ans.	Triangulaires.	Triangulaires.	Triangulaires.	
19 ans.	Aplaties d'un côté à l'autre.	Triangulaires.	Triangulaires.	
20 ans.	Aplaties d'un côté à l'autre.	Aplaties d'un côté à l'autre.	Triangulaires.	
21 ans.	Aplaties d'un côté à l'autre.	Aplaties d'un côté à l'autre.	Aplatis d'un côté à l'autre.	
22 ans.	Aplaties d'un côté à l'autre.	Aplaties d'un côté à l'autre.	Aplatis d'un côté à l'autre.	

NOTA. Les diverses formes qu'affectent les dents sont bien moins régulières dans les coins que dans les pinces et les mitoyennes. Il est nécessaire aussi de faire observer que nous ne parlons jamais que des incisives de la mâchoire inférieure.

(¹) Les dents ne passent pas subitement d'une forme à une autre; ces changemens se font plus ou moins lentement, sont plus précoces ou plus tardifs, suivant la densité et la substance dentaire et sa résistance à l'usure, selon la nature des alimens dont se nourrit l'individu, et parfois aussi selon le tempérament de l'animal. Pour faire sentir cette différence, nous avons désigné, en caractères italiques, l'ovalité, la triangularité, la biangularité commençantes, et par des caractères romains les formes parfaites.

ART. **IV.**

Interversions particulières dans l'ordre d'érup-
tion et d'usure des dents incisives.

Nous avons signalé dans les articles précédens
différens cas où les changemens qui se font remarquer aux incisives ne suivent pas la marche
ordinaire et offrent différentes variations ; mais
il devenait nécessaire d'examiner particulièrement certaines circonstances accidentelles, qui
dérangent, renversent en quelque sorte les règles établies ; il devenait surtout important de
discuter les moyens de se garantir des erreurs
qui en sont les suites, et de parvenir autant que
possible à la vérité.

§ Ier. *Des Chevaux mal bouchés.*

Les dents incisives ne poussent et n'usent pas
avec une telle régularité, que les règles précédemment développées puissent être applicables
dans tous les cas et à tous les chevaux. Tantôt la
sortie des incisives ne s'est pas effectuée dans

l'ordre naturel, d'autres fois ces dents ont pris une direction vicieuse, quelques-unes des caduques peuvent aussi persister et former des surdents, etc. Ces aberrations dentaires constituent les chevaux *mal bouchés* (1), et peuvent exister de plusieurs manières.

1° Dans le cas où les dents pèchent par excès ou par défaut de longueur;

2° Lorsque le rasement a été irrégulier, et que le frottement n'a pas eu lieu d'une manière exacte sur la table dentaire;

3° Toutes les fois enfin que l'éruption a éprouvé des dérangemens dans sa marche.

Soit que certains chevaux aient l'émail des dents plus dur que d'autres, soit que la croissance du côté de la racine l'emporte sur l'usure du côté de la table, soit enfin que les mâchoires aient une conformation (2) et une direction

(1) Cette expression est triviale sans doute, et nous avons long-temps hésité à nous en servir; mais nous n'en avons pas trouvé qui rendît la même idée en un seul mot. Dans tous les cas, on dit *mal bouchés*, et non pas mal embouchés; cette dernière expression n'est admise que pour les chevaux, auxquels on applique un mors non convenable.

(2) J'ai vu plusieurs chevaux dans lesquels l'une des mâchoires est plus longue que l'autre; les incisives acquièrent

telles, que le frottement ne s'exécute pas sur la table même des incisives; il n'est pas rare que les incisives conservent une longueur démesurée, et plus ou moins considérable. Il est certain alors que nos principes ne sont plus applicables. puisqu'ils étaient fondés sur la pousse et l'usure constantes et proportionnelles des dents. Pessina a cherché à remplir cette lacune, et s'il n'y est pas parvenu entièrement, il a du moins permis de se rectifier jusqu'à un certain point. On peut se convaincre tous les jours de l'utilité de ses données, quoiqu'elles ne soient qu'approximatives.

La longueur des pinces étant communément

alors une très-grande longueur : elles usent les unes par le bord antérieur, et les autres par le postérieur. C'est ordinairement la mâchoire supérieure qui dépasse, et dans ce cas, les incisives supérieures se courbent par leur face antérieure. Il y a donc accroissement continuel comme dans les incisives des lapins (voyez *Journal de Physiologie*, tom. III, pag. 1), et le développement que ces dents acquièrent dans ce dernier animal, est dû peut-être aussi seulement à la disproportion de longueur des mâchoires. Il existe une mâchoire ainsi conformée au cabinet d'Alfort : elle n'a que cinq incisives supérieurement; quelquefois il n'y a qu'une seule dent qui s'alonge ainsi. Nous avons parlé de ce cas, que nous avons dit être plus fréquent dans les molaires.

de huit lignes, celle des mitoyennes de sept, et celle des coins de six, prenons pour toutes les dents un terme moyen, nous aurons sept lignes à partir de la gencive jusqu'à la surface de frottement. Suivant Pessina, chaque dent doit user, par année, d'une ligne dans les chevaux fins, et d'une ligne et demie dans les chevaux communs; au moins en est-il ainsi pour les dents où le frottement se fait avec la plus grande régularité. Si la partie libre des incisives (toujours considérées en général pour la facilité de la démonstration) comprend plus de sept lignes de longueur, elles ont usé moins qu'elles ne devaient, et le cheval est nécessairement plus vieux que l'inspection des dents ne semblerait le démontrer; mais de combien est-il plus vieux?

Chaque année les dents devraient user d'une ligne (je suppose ce cas comme le plus simple): elles sont de trois lignes trop longues, l'animal doit donc paraître de trois ans moins âgé qu'il ne l'est réellement, et une coupe transversale prouve qu'il en est ainsi.

Il suit donc de là que pour déterminer l'âge d'un cheval dont les incisives sont trop longues, il faut ajouter à l'âge que marque la table de ses dents, autant d'années qu'elles ont de lignes ou de lignes et demie de trop en longueur.

Réciproquement et par la même raison, le cheval dont les dents incisives sont trop courtes, paraît plus vieux qu'il n'est; et pour connaître son âge, il faut lui retrancher autant d'années que les dents ont de lignes ou de lignes et demie de moins en longueur. Cela est assez ordinaire dans les très-vieux chevaux, où les dents n'ont plus du tout d'émail; souvent aussi cette brièveté des dents est la suite d'une espèce de tic, qui est rédhibitoire, par cela même qu'il ne laisse aucune trace particulière.

Sans doute, si l'on veut chercher dans ces considérations une exactitude scrupuleuse, on ne l'y trouvera pas; mais où existe-t-elle à ce degré dans tous les principes sur la connaissance de l'âge? N'y a-t-il pas de l'injustice à proscrire sans pitié toutes les observations de Pessina, pour nous ramener à Lafosse et le copier textuellement? Nous ne sommes pas, d'ailleurs, les seuls qui ayons mis avantageusement ces principes en pratique, et tous les vétérinaires ne tarderont pas à reconnaître combien leur application peut être utile.

Ces bases posées et admises, on ne doit pas

6

être embarrassé pour prononcer sur l'âge des
chevaux *bégus* et *faux bégus*. La persistance de
la cavité extérieure au-delà du terme où cette
cavité devrait être effacée, constitue la première
de ces anomalies, qui ne commence toutefois
qu'après six ans révolus. Le cheval peut devenir
bégu d'une ou de plusieurs paires de dents. L'a-
nimal est dit faux bégu, lorsque le nivellement
de la dent est retardé et que l'émail central se
fait encore remarquer à l'époque où il devrait
avoir disparu. Par la même raison que pour le
bégu, le cheval ne peut pas devenir faux bégu
avant l'âge de douze ans. Dans tous les cas, la
marque insolite du bégu et du faux bégu ne saurait induire en erreur celui qui ne prononce
qu'après un examen attentif, et qu'après avoir
comparé la forme de la table des dents, leur
longueur, enfin les différens caractères dont
nous avons parlé (1).

Il est donc possible de se rectifier lorsque les
dents usent trop ou trop peu, mais cette rectifi-

(1) En effet, quelquefois les chevaux sont bégus, et surtout
faux bégus, sans que les dents soient trop longues. Cela tient,
comme nous l'avons dit plus haut, à ce que le cornet dentaire
se prolonge plus ou moins, même dans les dents d'une égale
longueur.

cation ne peut avoir lieu qu'autant que l'usure
s'effectue sur la surface même de frottement, et
dans l'ordre que nous avons indiqué. Si, au contraire le frottement a lieu de manière à détruire
les formes naturelles de la dent, on n'a plus
d'indices que d'après la fraîcheur des incisives et
surtout de celle des crochets, etc. ; c'est ce qui
arrive dans les chevaux qui tiquent fortement au
fond de l'auge, ou qui mordent leur longe. Le
dernier de ces cas se présente fréquemment dans
les chevaux anglais, dont la plupart contractent
la mauvaise habitude de mordre leur longe, pendant qu'on les bouchonne et qu'on les étrille (1).

Lorsque la rangée des incisives de remplacement pousse trop en arrière, elle n'use point la
racine des caduques, ne comprime pas ses vaisseaux et ses nerfs, et ne détruit pas la cloison
inter-alvéolaire ; en un mot, elle ne détermine pas
leur chute. Ces dents de première venue forment une double rangée qui empêche les incisives supérieures de frotter contre les infé-

_____

(1) Comme nous ne parlons des tics que sous le rapport
de la connaissance de l'âge, nous n'entrerons dans aucun détail sur ce défaut, qui est plus ou mo ns nuisible à la santé des
chevaux, et se communique souvent par co - imitation, et
non pas, comme on l'a dit, par contagion.

rieures par leur table, et qui donne à cette surface
une forme tellement irrégulière, qu'on ne la distingue quelquefois plus. C'est le cas le plus difficile sous tous les rapports ; il faut se résigner à
la plus complète ignorance. Heureusement il est
fort rare ; le plus souvent, il n'y a qu'une ou
deux dents qui n'ont pas été chassées ; elles ont
alors l'aspect d'un chicot qui tombe par la suite,
et elles nuisent peu à la connaissance de l'âge.

§. II. *Ruses qu'emploient les marchands pour
trompe*i *sur l'âge des chevaux.*

Les marchands sont intéressés à ce que leurs
chevaux paraissent toujours plus près de l'âge où
leur valeur est plus considérable, et où ils peuvent par conséquent espérer d'en tirer le meilleur parti. Si les chevaux sont trop jeunes, ils
cherchent à les vieillir aux yeux des acheteurs,
et ils tâchent au contraire de les rajeunir, s'ils
sont plus vieux qu'il ne le faudrait.

Dans les pays où l'on élève les chevaux , en
Normandie surtout, les nourrisseurs arrachent
assez souvent les mitoyennes de lait, surtout dans
les chevaux qui *retardent* (1), et déterminent

(1) Expression consacrée pour désigner les chevaux chez

ainsi l'éruption des permanentes quelques mois plus tôt. Ceux entre les mains desquels tombent bientôt les mêmes chevaux , pratiquent sur les coins de lait la même opération ; de sorte que le cheval n'a pas encore quatre ans et demi, que déjà il est pourvu de toutes les incisives permanentes. En parlant des incisives de remplacement nous avons indiqué le moyen d'éviter de tomber dans cette erreur, contre laquelle les vétérinaires ne sont généralement pas assez en garde. Comme ce point de la science est d'une certaine importance, il nous a paru utile de fortifier par de nouvelles considérations ce que nous avons déjà dit à ce sujet. Ainsi que nous venons de l'expliquer, certains chevaux dont la dentition a été faussée par l'arrachement des dents de lait, peuvent marquer l'âge de cinq ans, pendant qu'ils n'ont réellement que quatre ans. Pour reconnaître une pareille fraude, l'on doit faire tous les rapprochemens susceptibles de fournir des inductions sûres et conduire à la vérité. On ne peut pas établir son jugement d'après l'absence ou la fraîcheur des crochets, puisque ces dents qui sortent

lesquels l'éruption dentaire est tardive. Dans le cas contraire, on dit qu'ils *avancent*.

le plus ordinairement à quatre ans, peuvent avancer ou retarder d'un an, ne paraître même au-dehors qu'à six ans. En portant toute son attention sur l'état de la rangée dentaire, l'on verra que si l'on a trouvé les moyens de hâter la sortie des incisives, l'on n'a pas trouvé celui de faire prendre à ces dents la position qu'elles doivent avoir et de donner à la rangée qu'elles forment, la disposition qui lui est propre. Lorsque les dents de remplacement sortent naturellement après avoir usé et expulsé les caduques, elles se rangent symétriquement et dans le même ordre les unes à côté des autres, et elles constituent à l'âge de cinq ans une *arcade régulière*. Dans le cas contraire où leur éruption a été avancée par l'arrachement des incisives de lait, elles sont placées de travers et rendent l'arcade *irrégulière*. A cette même époque, les gencives et le bord alvéolaire, plus ou moins rouges et gonflés semblent refouler en arrière la rangée dentaire, et cet état des parties est d'autant plus sensible qu'il y a moins de temps que l'opération de l'arrachement a eu lieu ; parfois des parcelles de dents incomplètement extraites, sont encore implantées dans l'os maxillaire et se montrent en devant des dents d'adulte ; toutefois l'arcade incisive offre un aspect insolite, que l'homme exercé reconnaît facilement. Lorsque la dent fœtale a été arrachée depuis peu de temps , la place où existait cette dent, est enflammée , contuse et excoriée , c'est pour cette raison qu'il est toujours plus facile de s'assurer de la manœuvre frauduleuse dans le principe.

Souvent l'on n'arrache que les dents de la mâchoire inférieure; c'est la vraie cause pour laquelle , dans un grand nombre de chevaux, leur éruption précède celle des incisives supérieures ; et ce cas est trop simple pour qu'on puisse s'y méprendre.

D'après l'opinion de Solleysel et de tous les auteurs hippiatres , la longueur des dents est un indice de vieillesse , et cette opinion adoptée généralement est loin d'être toujours vraie. Dans les très-vieux chevaux, au contraire, les dents , comme nous l'avons vu, deviennent fort courtes, à moins qu'elles n'aient pris une direction tout-à-fait horizontale. En admettant cependant que cela soit exact dans tous les cas, et jusqu'à la plus extrême vieillesse, on dut croire que les animaux sembleraient moins âgés en leur sciant les dents, et de cette manière on put en imposer aux hommes qui n'ont qu'une connaissance superficielle de la forme, du mode d'accroissement et d'usure des incisives ; mais il arrive précisément au contraire, que, pour le connaisseur, on donne à l'animal ou son âge positif, ou plus d'âge qu'il n'en avait, et que l'on rend palpable pour lui ce qu'il aurait été obligé de déterminer approximativement par le calcul.

Appuyons-nous d'un exemple pour nous faire mieux comprendre : la bouche d'un cheval dont on veut savoir l'âge est dans l'état suivant : les pinces et les mitoyennes inférieures sont arrondies; l'émail central est rond et très-près du bord postérieur : L'étoile dentaire bien apparente occupe le milieu de la table et prend une forme carrée; l'animal a onze ans. Mais ses dents ont dix lignes de longueur, au lieu de n'en avoir que sept : il paraît donc trop vieux, il faut les lui scier; on en enlève trois lignes. Les pinces sont alors triangulaires ; les mitoyennes commencent à le devenir, l'émail central a tout-à-fait disparu ; l'animal marque les quatorze ans qu'il avait, mais que peut-être on ne lui eût pas donnés, parce que l'on n'aurait pu se rectifier autrement que par la pensée.

Si les dents du cheval ne sont pas ou ne sont plus trop longues, il est nécessaire, pour trom-

per les acheteurs, de pratiquer une cavité semblable à celle qui a disparu depuis plus ou moins
long-temps, afin de rapprocher le cheval de six
ans, car il serait trop difficile de le faire rétro-
grader jusqu'à cinq. Il n'est pas nécessaire d'entrer dans le détail des moyens employés pour
masquer cette fraude, que quelques marchands
pratiquent fort adroitement; mais qui ne peut
tromper que des gens peu instruits et peu habi-
tués. On sait en effet que l'émail qui enveloppe la
cavité extérieure, est, de même que l'émail d'encadrement, d'une substance plus dure que le reste
de la table, et qu'il fait exubérance à sa surface.
Lorsque le cul-de-sac de ce cornet existe, on ne
peut pratiquer de cavité dans son milieu (1);
on la creuse donc très-près du bord antérieur:
la position de cette cavité artificielle, la présence
sur la table du cul-de-sac de l'émail central, suffisent pour indiquer la ruse. Si l'animal est

(1) On ne doit pas en effet regarder comme artificiel un trou
arrondi, qui se trouve parfois dans le milieu de l'émail central, et communique avec l'intérieur de la racine. Nous avons
déjà vu, en citant un passage de la lettre à M. Tessier, que
la tache jaune, qui n'est que le cul-de-sac de la cavité
pulpeuse, est remplacé dans quelques vieilles dents par un
trou.

plus vieux, et que l'émail central ait disparu,
la cavité nouvelle n'est point entourée d'un bord
exubérant et n'empêche pas le nivellement de la
table; d'ailleurs l'état général de la mâchoire et
la forme de la dent sont plus que suffisans pour
fixer l'opinion. Ajoutons à cela que la cavité
normale a toujours une forme analogue à celle
de la table de la dent, ce qui n'a pas lieu ici.

DEUXIÈME PARTIE.

AGE DES QUADRUPÈDES DOMESTIQUES
COMPARÉS AU CHEVAL.

COMME nous l'avons annoncé dans la préface, la partie additionnelle au mémoire sur l'âge du cheval, comprendra l'âge du bœuf, du mouton, du chien et du porc, qui composent, avec les monodactyles, la série des quadrupèdes domestiques, dont la connaissance importe le plus au vétérinaire. Nous avons négligé de parler du chat, parce que ce sujet ne nous a pas paru offrir d'utilité directe. D'ailleurs, les règles indiquées pour le chien, peuvent, jusqu'à un certain point, s'appliquer au chat; l'ordre d'éruption et de rasement des dents est à peu près le même dans le dernier que dans le premier de ces animaux : nous avons cependant observé que la chute des incisives caduques du chat précède toujours d'un certain temps la sortie des mêmes dents d'adulte; les premières tombent presque toutes en même temps, et jusqu'à l'apparition des secondes les mâchoires restent pendant douze à quinze jours complétement dépourvues d'incisives.

Les considérations générales sur l'âge du cheval trouveront ici les mêmes applications, à quelques exceptions près que nous aurons soin d'indiquer. Ainsi qu'il a été dit, les dents sont à peu près les seules parties qui puissent, par leurs changemens et leurs nuances diverses, indiquer les différens degrés de la vie, et servir à la chronométrie de l'âge. Dans tous les animaux elles présentent la même disposition, les mêmes distinctions, le même mode d'organisation et d'altération, suivent la même marche dans leur développement, dans leur accroissement, et elles exercent le même genre de fonctions. Chez tous les quadrupèdes, les incisives, les trois avant-molaires et les crochets de première venue ou de lait tombent à de certaines époques et sont remplacés par des dents d'adulte; celles-ci se développent derrière ou en dedans des caduques, qu'elles pressent, altèrent et expulsent au dehors. Toutes les dents se forment dans l'intérieur des os maxillaires, commencent par être molles, prennent insensiblement de la consistance, de la dureté, et percent la gencive au moyen de pointes; elles croissent par la racine, et elles s'usent principalement par la table. Leur composition résulte de l'assemblage de trois substances, dont deux principales, les plus dures et de densité différente, sont l'ivoire et l'émail; la troisième substance, le cortical, constitue une sorte de matière cémenteuse, répandue sur la surface externe de l'émail d'encadrement, et qui s'insinue dans les replis de la table. Nous ne reproduirons pas ici les détails dans lesquels on est entré sur ces différens points; il nous suffira de rappeler que les principes généraux établis pour le cheval, sont les mêmes pour les autres quadrupèdes domestiques; les différences sont cependant nombreuses, nous ne nous attacherons qu'aux plus importantes, nous ne relaterons que celles qui pourront être de quelqu'utilité pour le but que nous nous sommes proposé d'atteindre.

AGE DU BOEUF.

Les notions sur cette partie de l'extérieur du bœuf, sont encore incomplètes et bien moins avancées que n'étaient celles recueillies sur le cheval jusqu'au temps de Bourgelat et de Lafosse. Parmi les nombreux auteurs qui ont parlé de l'âge du bœuf, très peu ont donné de leur propre fond, la majeure partie n'ont fait que copier servilement ce que leurs devanciers avaient écrit. Presque tous se sont bornés à faire connaître l'âge seulement d'après l'ordre dans lequel les dents d'adulte font leur éruption; et ils ont négligé les changemens que ces parties présentent en s'usant. Dans ces derniers temps, MM. Lionnet et Cruzel, vétérinaires, ont franchi l'ornière et ont démontré que les altérations imprimées sur la table des dents par l'effet du frottement, peuvent encore servir à la distinction du nombre des années. Après avoir indiqué sommairement l'état des incisives, peu de temps après qu'elles ont complété leur éruption, M. Lionnet dit que le cercle décrit par ces mêmes dents, diminue au fur et à mesure que l'animal avance en âge, et il ajoute qu'à huit ou neuf ans la rangée incisive ne forme plus qu'une ligne horizontale. A partir de neuf ans , l'usure des dernières dents sorties peut , selon lui , indiquer les progrès de l'âge jusqu'à quatorze ans, époque où ces mêmes dents sont courtes et rondes (1). La notice de M. Cruzel, insérée dans le *Journal de Médecine vétérinaire* , est incontestablement ce qui a paru de mieux sur l'âge des bêtes bovines. Nous rendons pleine justice à l'auteur de cet article, ses remarques sont en général judicieuses et exactes (2).

Les dents incisives du bœuf ne sont pas les seules parties propres à marquer , jusqu'à une certaine époque, les différens degrés de la vie de l'animal. Les cornes frontales portent aussi des empreintes d'après lesquelles on peut connaître, le nombre des années ; et ces indices sont en général assez constans et assez prononcés pour que l'on puisse y recourir avec avantage. Dans tous

(1) *De la connaissance de l'âge des bœufs*. Annales de l'Agriculture Française , 2ᵉ série , tome 19 , pag. 380 et suiv.

(2) *Journal de Médecine vétérinaire, théorique et pratique*, année 1832 , pag. 105 et suiv.

les cas, les changemens qui surviennent aux cornes, servent à rectifier ou à assurer les inductions tirées de l'inspection des dents incisives , et ils fournissent des moyens de rapprochemens qui ne sont jamais à négliger.

Les mâchoires du bœuf formé ou adulte sont armées de trente-six dents , dont vingt-quatre grosses molaires, quatre petites molaires ou molaires supplémentaires, et huit incisives à la mâchoire postérieure seulement; l'antérieure porte, en place d'incisives, un gros bourrelet cartilagineux, qui sert d'appui pour que les incisives puissent agir efficacement et couper la pointe du faisceau d'herbe ramassé par la langue. Comparativement à celles du cheval, les dents du bœuf sont moins grosses, moins longues, et leur partie libre est séparée de la racine par un collet. Leur accroissement est aussi moins grand , il semble même s'arrêter à une certaine époque et cesser entièrement. Si les dents du bœuf acquièrent moins de longueur que celles du cheval, en compensation elles perdent moins par l'effet de l'usure, et elles résistent davantage au frottement.

§ 1er. *Des dents incisives.*

Fixées en clavier au bout de la mâchoire postérieure, les dents dont il s'agit se divisent en deux
pinces, deux premières mitoyennes, deux secondes mitoyennes et deux coins. Les unes et les autres se distinguent en dents caduques ou de lait,
et dents remplaçantes ou d'adulte. Considérées
dans l'animal formé, les incisives sont lisses,
blanches, et terminées en devant par un bord
tranchant. Leur corps ou partie libre, est aplati
d'avant en arrière, va en se rétrécissant du bord
libre vers la gencive, et se trouve séparé de la racine par un collet bien prononcé. La face externe
de cette première partie dentaire offre, comme
dans le cheval, des stries longitudinales, dont la
profondeur et le nombre varient, et il est des dents
tellement unies qu'elles ne laissent apercevoir
aucunes traces de raies.

A mesure que l'usure avance, le corps de l'incisive perd de sa hauteur et de sa largeur; mais
il conserve toute sa blancheur; et la dent ne
commence à jaunir qu'à partir du collet, lorsque
la racine se déchausse, et qu'elle se montre au dehors. Si l'on examine les incisives de remplace-

7

ment quelques mois après qu'elles ont complété
leur évolution (entre.cinq et six ans), (*pl.* III ,
fig. 9), on voit que ces dents sont larges , blanches , d'une hauteur inégale , qu'elles se touchent par leur extrémité , et qu'elles décrivent dans leur ensemble un demi-cercle assez régulier. Cette rondeur de l'arcade incisive ne subsiste que peu de temps , l'usure l'altère insensiblement et finit par mettre toutes les dents sur
un plan horizontal. En diminuant de longueur,
les incisives diminuent aussi de largeur ; elles cessent d'abord de se toucher, et s'écartent peu-à-
peu les unes des autres, de manière que dans les
sujets très-avancés en âge elles sont *très-claires* ,
fort éloignées les unes des autres (*Fig.* 11
et 12).

Comme il a été dit précédemment, les incisives
du bœuf jouissent d'un mouvement particulier
de.haut en bas, semblable à celui d'un clavier de
clavecin. Ce mouvement, d'autant moins étendu
que l'animal est plus vieux , semble avoir pour
but de ménager le bourrelet de la mâchoire antérieure, et d'empêcher qu'il ne soit blessé, lorsque la rangée incisive pose et frotte immédiatement contre lui.

La table des incisives du bœuf offre deux par-

ties bien distinctes : le bord tranchant et l'avale.
1° Le bord tranchant, duquel il a déjà été parlé,
forme le sommet de la dent ; il termine en haut
la face antérieure ou externe de la dent, sert à
couper les végétaux implantés dans la terre, et
qui sont appuyés contre le bourrelet calleux de
la mâchoire antérieure. Etant encore intact, ce
bord décrit une portion de cercle, et présente
vers son milieu une petite convexité qui semble
sur-ajoutée; il se déprime par l'effet du frottement, devient droit, un peu moins tranchant,
et ce genre d'altération produit son rasement
(*fig.* 10, *a. b. c. d.*). L'usure du bord dentaire
n'a pas lieu en même temps dans toutes les incisives ; elle s'opère progressivement, des pinces
aux mitoyennes, et de celles-ci aux coins, qui
rasent toujours les derniers. Il arrive conséquemment une époque où toutes les incisives sont rasées par leur bord tranchant, et sont raccourcies
de telle sorte qu'elles sont de niveau les unes
avec les autres. Pour désigner cet état de la
rangée incisive, l'on dit vulgairement que l'animal est parvenu *au ras* (*fig.* 11), comme il est
considéré *au rond*, lorsque les incisives décrivent
un demi-cercle régulier (*fig.* 9).

2º. *L'avale* de la table (1) correspond au cornet dentaire du cheval et comprend la presque totalité de la face interne du corps de l'incisive. Cette partie *avalante* est disposée sur un plan très-oblique, s'étend du bord tranchant jusqu'au près du collet, se trouve circonscrite par un rebord saillant, et présente deux cannelures longitudinales (*fig.* 3, *a.a.*), qui semblent avoir été faites par une gouge. L'émail qui la recouvre constitue une couche très-mince, transparente, à travers laquelle on distingue la couleur de la substance osséiforme située par-dessous. L'usure qui procède toujours du bord tranchant, et conséquemment d'avant en arrière, détruit peu à peu l'émail, ainsi que les cannelures, finit par envahir toute l'avale, et produit alors le nivellement de la table. Avant d'avoir complété son nivellement, la table laisse apercevoir près

(1) Le terme *avale* nous a paru être l'expression la plus convenable pour désigner la partie de la table, qui est inclinée en dedans et qui descend vers la gencive interne. Ce terme a le même sens que celui d'avalure, usité pour exprimer la descente de certains cercles, qui se développent vers le bord supérieur de la muraille du sabot, d'où ils s'écartent insensiblement et gagnent peu à peu le bord inférieur de la partie.

du bord tranchant une petite bande transversale, diversement colorée. Par l'effet de l'usure, la zone dont il s'agit, gagne insensiblement le milieu de la table, s'élargit, devient carrée, puis ronde, et porte pendant quelque temps une légère bordure blanche. Cette étoile dentaire, semblable à celle du cheval, subsiste jusqu'à la chute de la dent, et les changemens qu'elle subit nous semblent devoir mériter quelque attention, par rapport à la connaissance de l'âge.

La racine des incisives (*fig.* 1, 2 et 3, *b.*), droite, presque cylindrique et creuse intérieurement, paraît comme tronquée à son extrémité. Sa cavité unique constitue un long et grand tuyau, qui renferme la substance pulpeuse, et qui se rétrécit dans la vieillesse, au point de ne plus former qu'un conduit étroit.

Les incisives caduques diffèrent sous plusieurs rapports de celles de remplacement que nous venons de passer en revue; elles sont en général plus étroites, beaucoup plus petites, et ne forment plus, lorsqu'elles sont déchaussées, que des petits chicots ou restans de dents, qui sont de véritables corps étrangers, et dont la chute précède la sortie des remplaçantes. La rangée incisive du veau formé (veau qui est pourvu de

toutes ses dents fœtales) se compose de deux portions de cercle (*fig. 4*), disposées régulièrement
à droite et à gauche, et séparées l'une de l'autre
par un petit écartement, que laissent entre elles les deux pinces. Les quatres dents de
chaque segment sont courbées, ployées en dehors, et chacune de ces dents représente un
petit éventail terminé par un bord tranchant. Au
fur et à mesure que le veau prend de l'âge, les
dents incisives semblent se redresser; elles se
rapprochent insensiblement l'une de l'autre, et
finissent par se toucher. Ce changement de position, simplement apparent, provient de ce
que les dents n'étant courbées que par leurs extrémités, l'écartement diminue en raison de la
dépression ou usure du corps dentaire.

La racine des incisives fœtales, semblable à
celle des dents d'adulte, éprouve, pendant que
ces dernières se développent et croissent dans
l'intérieur du maxillaire, une telle altération,
qu'elle finit par être complétement détériorée, et
par ne plus recevoir de nourriture: la dent caduque est alors expulsée au dehors, ou bien elle
forme une partie étrangère et incommode.

Éruption et Usure. Tant que les incisives du
bœuf subsistent, et qu'elles fonctionnent, elles

peuvent fournir des indices d'âge. Ces dents font
leur évolution à des époques peu variables, elles
marquent toute la vie, et les nuances qu'elles présentent sont différentes suivant les degrés d'u-
sure. Les changemens, résultats d'usure, offrent
en général moins de certitude que l'éruption
dentaire ; plusieurs de ces marques sont même
peu prononcées, et quelques-unes subissent de
telles variations, qu'il n'est pas toujours possible de les apprécier à leur juste valeur, et de se
garantir d'erreur.

L'apparition des dents incisives hors des alvéoles s'effectue, comme il a été dit ci-dessus,
à des époques déterminées et assez bien connues ;
elle peut cependant avancer ou retarder de quelques mois, suivant l'état constitutionnel des
animaux, et selon que ces animaux ont pris
plus ou moins de corps. Chez les sujets poussés
en nourriture, et dont la croissance est prompte,
la dentition participe à ce développement ; elle
est plus hâtive, et les dents étant plus tôt formées,
se montrent plus tôt au dehors. Au contraire, les
sujets débiles, malingres et rabougris, retardent
toujours ; et il en est de même pour les individus qui ont pâti, ont été excédés de travail, et

ne se sont développés qu'imparfaitement. Dans la première édition de l'*Anatomie vétérinaire*, 1807, nous avons fait connaître l'ordre d'après lequel les dents font leur évolution, et nous avons donné une table indicative de cet ordre pour chaque genre de quadrupèdes domestiques. Les observations recueillies depuis n'ont fait que confirmer l'exactitude de cette table, en ce qui concerne les incisives du bœuf.

Toutes les incisives de remplacement sortent de travers, et se montrent par une pointe tranchante, après s'être frayé une route à travers les os et la gencive. A mesure qu'elles s'élèvent et qu'elles s'alongent, elles deviennent moins obliques, prennent peu à peu le rang et la position naturelle, qu'elles doivent avoir.

1° *Éruption et usure des incisives caduques.* Ces dents commencent à sortir avant ou peu de temps après la naissance du jeune animal, et elles complètent leur évolution en quinze à vingt-cinq jours. Le veau naît le plus ordinairement avec les pinces et les deux premières mitoyennes; parfois il porte à sa naissance toutes ses dents incisives, ou bien il ne lui manque que les deux coins. Certains sujets sortent du

ventre de leur mère sans avoir de dents incisives hors des alvéoles : dans ces derniers cas, les
pinces et les premières mitoyennes ne tardent pas
à paraître, et elles sortent du deuxième au troisième jour de la naissance. L'éruption des secondes mitoyennes a lieu du cinquième au neuvième jour, et celle des coins s'effectue du treizième
au dix-neuvième jour. Dans les veaux que l'on conserve comme élèves, et que l'on désigne vulgairement par le terme de *veaux de ferme*, les dents
de lait ou de première venue parviennent au
rond entre cinq à six mois, et elles subsistent jusqu'à dix-huit à vingt mois, époque où
commence leur chute, qui survient d'abord aux
pinces, ensuite aux mitoyennes, et en dernier
lieu aux coins.

Comme nous l'avons déjà dit, les dents ne s'u-
sent que par suite du frottement qu'elles éprouvent : aussi point de frottement, point d'usure.
Les veaux que l'on nourrit uniquement avec des
liquides, pour les livrer ensuite à la boucherie,
fournissent la preuve journalière du principe
que nous venons de poser. Ces jeunes animaux
n'ayant pas besoin d'exécuter de mastication,
conservent leurs incisives parfaitement intactes.

Il n'en est pas de même des veaux de ferme,
qui font de bonne heure usage de substances fi-
breuses, sur lesquelles ils exercent leurs mâchoires: leurs dents incisives manifestent des
traces d'usure presque en même temps qu'elles
commencent à fonctionner. Cette usure, dont
les progrès sont toujours en raison de la fréquence et de la force de la mastication, produit
en premier lieu le rasement du bord tranchant,
d'où elle s'étend sur l'avale, et finit par déterminer le nivellement de la table. Elle commence
ordinairement aux pinces, se propage successivement sur les mitoyennes et sur les coins; mais
elle éprouve dans sa marche un grand nombre de
variations: elle peut avancer ou bien retarder
suivant le régime, selon la nourriture, et même
suivant la nature particulière de la substance
dentaire; car il est des sujets dont les dents
éprouvent une plus grande déperdition de substance que d'autres individus, soumis au même
régime et aux mêmes influences. Parfois les premières mitoyennes usent, rasent, et se nivel-
lent en même temps que les pinces. Quoi qu'il
en soit, l'on a calculé que l'usure des pinces du
veau de ferme, s'effectue le plus communément

dans l'ordre qui suit : le rasement des pinces
a lieu entre six à sept mois : on aperçoit alors
le collet de ces dents, et leur bord tranchant
plus ou moins déprimé, est un peu plus bas
que celui des premières mitoyennes. Dans les
pays d'élèves tels que l'Auvergne et le Limousin,
les jeunes animaux parvenus à l'âge de sept
mois cessent d'être appelés veaux : le mâle
prend le nom de *bourre*, et la femelle celui de
velle.

De onze à treize mois, les premières mitoyennes se trouvent au niveau des pinces par
leur bord tranchant, qui est dépassé à son tour
par le bord tranchant des secondes mitoyennes.
À cette époque, les premières mitoyennes peuvent être considérées comme rasées ; le bourre
devient *bourret*, et la velle *bourrette*. Le mâle est
aussi désigné par le nom de *taurillon* ou *bouvillon*, et cette dénomination est même le plus généralement adoptée par les agronomes.

Vers quatorze à seize mois, les secondes mitoyennes se mettent au niveau des premières mitoyennes et effectuent leur rasement. Les pinces
sont alors courtes, déchaussées et vacillantes;
parfois ces mêmes dents n'existent plus à seize
mois, et laissent la place dégarnie.

Après l'âge de quinze mois, toutes les incisives caduques sont branlantes, plus ou moins détériorées, et les pinces ne forment plus, quand elles subsistent encore, que des restans, sortes de chicots, qui tiennent à peine dans les alvéoles, et que l'on peut arracher avec une extrême facilité. Les coins sont les moins altérés et tiennent plus que les autres dents.

2°. *Eruption* et *usure des incisives d'adulte.* A l'âge de dix-neuf à vingt-et-un mois, les pinces de remplacement prennent la place des pinces caduques (*fig.* 6), et elles sortent de travers en se pressant l'une contre l'autre. A cette époque, on dit vulgairement que l'animal a fait ses deux *pelles* ou ses deux premières dents larges : le bourret devient alors *doublon* et la bourrette *doublonne.* Le premier ou le mâle, perd aussi le nom de taurillon ou bouvillon, pour prendre celui de taureau, qu'il conserve jusqu'à ce qu'il soit privé des organes reproducteurs, soit par ablation soit par bistournage.

Le remplacement des deux premières mitoyennes de lait s'opère entre deux ans et demi à trois ans (*fig.* 7), rend le doublon *terson* et la doublonne *tersonne.*

De trois ans et demi à quatre ans, les secondes mitoyennes caduques sont remplacées par des dents d'adulte (*fig.* 8). Alors l'animal terson prend la dénomination de *quarteron* et la tersonne n'est plus désignée que par le nom de vache.

La sortie des coins de remplacement se fait remarquer vers quatre ans et demi à cinq ans ; et de cinq à six ans, la rangée incisive parvient au rond (*fig.* 9).

Dans le cours du commerce, l'incisive du bœuf est considérée comme étant rasée, dès que son bord tranchant est usé, déprimé et mis sur un plan horizontal. Ainsi que nous l'avons précédemment expliqué, l'usure commence toujours au bord tranchant, d'où elle se propage sur l'avale et l'envahit insensiblement. En raison de son étendue et de son inclinaison, cette dernière partie est long-temps à disparaître, de manière qu'il y a un intervalle de plusieurs années entre le rasement et le nivellement de la table de la dent, nivellement, qui suppose toujours la destruction préalable de l'avale.

La déperdition de la substance dentaire par suite du frottement subit des variations qu'il importe de bien apprécier, afin d'éviter autant

que possible les erreurs. Tantôt l'usure est
prompte et se fait en même temps sur plusieurs
paires de dents; d'autres fois elle s'effectue lentement, retarde plus ou moins, ou bien elle procède
d'une manière irrégulière. Ainsi les bœufs, dont
les pinces et les mitoyennes sont plus relevées,
plus courbées que dans l'état ordinaire, n'usent
que du bout des dents, et cette anomalie qui
semble particulière à certaines races, constitue
une sorte de *béguité*. Les animaux nourris à l'é-
table avec des fourrages tendres, qui ne nécessitent qu'une mastication légère, retardent constamment, et paraissent, à l'inspection des dents,
plus jeunes qu'ils le sont réellement. Au contraire,
les bêtes envoyées habituellement au pâturage
dans les bois, sur des prairies sablonneuses, sur
des champs d'ajoncs, de bruyères, etc., font
une grande déperdition de substance dentaire,
et ces animaux marquent toujours plus d'années
qu'ils en ont. Nous devons aussi rappeler que la
lenteur ou la rapidité de l'usure peut encore dépendre de la nature même de la substance com-
posante des dents.

Dans l'intervalle de cinq ans et demi à six ans,
le rasement du bord tranchant des pinces a lieu,
et ces dents sont plus basses que les premières

mitoyennes, qui les débordent de plus d'une ligne. A l'âge de six ans, l'usure a déjà envahi une grande partie de l'avale des pinces, elle se propage aussi sur l'avale des mitoyennes; mais elle y est moins avancée que sur les pinces.

A six ans et demi, sept ans, les premières mitoyennes complètent leur rasement; l'avale de ces dents est usée sur environ ses deux tiers. La table des pinces approche de son nivellement, et le bord tranchant des secondes mitoyennes commence à s'user.

De sept et demi à huit ans, les secondes mitoyennes subissent le même rasement que les premières mitoyennes. Le nivellement des pinces est complet, et celui des premières mitoyennes fort avancé.

De huit à neuf ans, les coins achèvent leur rasement, et l'usure a déjà gagné plus de la moitié de leur avale. La table des pinces et des premières mitoyennes commence à devenir concave, et cette concavité qui augmente avec le nombre des années, correspond à la convexité du bourrelet, et semble être le résultat du frottement contre cette partie de la mâchoire antérieure.

A l'âge de dix à onze ans, l'étoile dentaire des pinces et des mitoyennes présente une forme carrée et une bordure blanche ; les coins sont nivelés et l'arcade incisive arrive au ras.

Vers onze à douze ans, l'étoile dentaire est carrée et bordée sur toutes les dents. La concavité de la table est plus prononcée; les incisives sont courtes et écartées les unes des autres.

De douze à quatorze ans, l'étoile dentaire s'arrondit, l'usure se prolonge vers le bord interne, et coupe en quelque sorte le cercle formé par l'émail d'encadrement. Ce cercle ainsi ouvert, a l'apparence d'un fer-à-cheval, dont les branches sont tournées vers la cavité de la bouche.

De quatorze à dix-sept ans, le cercle d'émail prend la même forme que ci-dessus sur les mitoyennes; pendant cette période, la dent se déprime sur les côtés et se rapproche de la triangularité. L'usure continuant parvient jusqu'au collet, et détruit conséquemment tout l'émail extérieur ; il ne reste plus alors que les racines dentaires qui constituent des chicots ou tronçons, courts, jaunâtres, arrondis et très-écartés les uns des autres, comme on peut s'en faire une idée par la *fig.* 12. Cet état de détérioration ne

se fait guère remarquer que dans les animaux,
qui ont atteint leur dix-septième année.

Pendant cette même période de quatorze à dix-
sept ans et au-delà, l'usure ne s'effectue pas toujours régulièrement et en même temps sur
chaque paire de dents; parfois les incisives
droites se détériorent plus que les incisives
gauches, ou bien celles-ci éprouvent plus d'altérations que les autres. L'animal devient souvent brèche d'une ou de plusieurs dents, qui
tombent ou sont arrachées accidentellement.
Nous ferons encore remarquer que dans beaucoup de vieilles vaches, les dents s'usent plus
particulièrement du côté du bord interne, tandis que le bord antérieur devient très-tranchant
et se déprime peu. La table prend alors une
grande obliquité, une grande inclinaison; elle
s'alonge d'avant en arrière et de haut en bas.
L'étoile dentaire suit la direction de la table et
s'alonge dans le même sens. L'arcade incisive
ainsi usée conserve par-devant et en dehors une
hauteur, qui en impose et annonce bien moins
d'années que l'animal en a réellement. Pour se
rectifier et approcher autant que possible, de la
vérité, il faut retrancher par la pensée la moitié
de la longueur de la table et supposer la dent

8

usée de toute cette moitié : l'on aura par ce moyen
la hauteur juste qu'aurait la dent, si l'usure eût
continué d'être régulière.

§ II. *Des dents molaires.*

Ces dents, au nombre de douze à chaque mâchoire, six à droite et six à gauche, sont pressées
l'une contre l'autre, de manière à ne laisser entre
elles aucun intervalle ; et elles sont fixées d'une
manière immobile dans leurs alvéoles. Elles augmentent insensiblement de volume, à partir de
la première jusqu'à la dernière, toujours un
peu plus grosse et plus large que les autres.
Chaque arcade dentaire du bœuf porte aussi
deux petites molaires ou molaires supplémentaires, implantées l'une à droite et l'autre à
gauche, contre la première des avant-molaires ;
ces sur-dents, qui n'ont pas d'usage connu, sont
presque constamment expulsées au dehors,
lorsque la première molaire de remplacement
fait son évolution. La rangée des molaires postérieures se trouve séparée de celle des incisives
par un intervalle de près de cinq pouces.

Les molaires du bœuf offrent à peu près les
mêmes considérations que les molaires du che-

val; elles se distinguent de même en dents caduques, dents permanentes et dents de remplacement. Les molaires de la mâchoire antérieure
du bœuf sont également plus grosses, plus fortes
que les mêmes dents de la mâchoire postérieure;
et chaque rangée des premières décrit une ligne
légèrement courbe, dont la convexité est en dehors, du côté de la joue. La table des molaires
antérieures est aussi plus large, et forme une
coupe oblique, disposée comme dans les molaires du cheval. La surface de la table des
mêmes dents est irrégulière, garnie d'aspérités
qui sont alternatives et en zig-zag. Leurs faces
latérales sont cannelées, revêtues d'un cortical
épais, dont la couleur est d'un noir azuré. Le
frottement des molaires, les postérieures contre
les antérieures, s'opère de la même manière que
chez les monodactyles; mais ce frottement produit moins de perte de substance que dans ces
derniers quadrupèdes.

Jusqu'à présent, les molaires n'ont été d'aucun secours pour parvenir à distinguer le
nombre des années; leur position d'ailleurs ne
permettrait que très-difficilement de les examiner, et il serait impossible de les inspecter dans
tous les cas. Il devenait donc inutile de constater

les nuances qu'elles peuvent présenter, suivant les différens degrés de leur usure. Les recherches qui ont eu lieu pour constater l'ordre de leur évolution, ont toutes été faites sur des cadavres et non sur des animaux vivans ; il est vrai que ces recherches ont conduit à des résultats qui sont avantageux, pour les sciences en général, mais nuls en particulier pour la connaissance de l'âge.

Les trois avant-molaires caduques sortent constamment les premières, et se montrent toutes au dehors peu de temps après la naissance du sujet. La seconde et la troisième apparaissent les premières, et précèdent assez souvent la naissance. Toutefois, elles ne devancent que de quelques jours l'éruption de la première avant-molaire, qui perce la gencive du sixième au douzième jour. Au résumé, le veau peut naître sans aucune molaire hors des alvéoles, ou bien avec deux mâchelières de chaque côté, et il fait, pendant la première quinzaine de sa vie, toutes ses molaires caduques. Au bout d'un certain temps, ces dents sont expulsées au dehors et remplacées par des dents d'adulte ; ce renouvellement se fait dans l'ordre suivant : la chute des secondes mitoyennes caduques a lieu vers un an à dix-huit mois, et elle est immédiatement

suivie de la sortie des remplaçantes ; la même
mutation pour la première molaire de chaque
côté ne s'effectue qu'entre deux ans à trente
mois, et le remplacement de la troisième avant-
molaire caduque survient six mois à un an plus
tard. Quant à l'éruption des molaires permanentes, elle subit les mêmes variations et se fait
dans l'ordre ci-après : la sortie de la première
arrière-molaire a lieu à un an et demi ; celle de
la seconde, entre deux ans et trente mois ; et la
troisième arrière-molaire qui termine la rangée
dentaire, ne fait son évolution qu'à trois ans, et
quelquefois plus tard (1). La sortie de la petite
molaire ou molaire supplémentaire s'effectue
aux environs de dix mois, et l'animal âgé d'un
an en est toujours pourvu. Nous rappellerons que
cette sur-molaire ne subsiste communément que
jusqu'à l'époque où la première avant-molaire
de remplacement effectuant son éruption, la
chasse au dehors.

(1) Dans beaucoup de sujets, la dernière arrière-molaire ne
sort qu'à quatre ans. J'ai vu une tête marquant cet âge, et la
dernière molaire n'était pas encore sortie.

§ III. *Des Cornes frontales.*

Les cornes frontales sont des instrumens de
défense, fixés symétriquement de chaque côté
du chignon, ayant tous deux la même forme, la
même configuration extérieure, et ne présentant
de différence de l'un à l'autre que par suite de
cas fortuits. Ainsi, toutes les fois que les deux
cornes ne sont pas pareilles, que l'une est plus
longue ou plus grosse que l'autre, ou bien que
ces parties sont contournées en sens différens,
on peut être certain que cette irrégularité n'est
pas naturelle, et qu'elle a été déterminée par
une cause accidentelle quelconque.

Les cornes frontales ne se développent qu'après
la naissance; elles croissent rapidement jusqu'à
un certain âge, et parviennent à une longueur
variable suivant les races, et suivant que les individus sont pourvus ou privés des organes propres à la reproduction. Quand elles ont acquis
un certain développement, elles se contournent
en sens différent, presque toujours en haut et en
avant. Elles vont en diminuant de grosseur à
partir de leur base jusqu'à leur pointe, qui est
arrondie. Leur surface, dont la couleur est noire

ou blanchâtre, suivant la robe de l'animal, peut être lisse ou écailleuse, terne ou luisante. Vers son origine et près de la peau, la corne offre une certaine flexibilité qui rend la partie sensible à la pression du joug ou même de la jougle (1). Des cornes longues et bien contournées ornent la tête, et rendent l'animal bien coiffé. Les bœufs de la Romanie et de la Hongrie passent pour être les mieux coiffés, pour ceux qui portent les plus belles cornes (2). Il existe une race de bœufs sans cornes, que l'on a cherché à propager en France, mais qui n'a pas soutenu la réputation qu'on lui a attribuée lors de son importation en Europe.

Dans les taureaux, les cornes frontales sont très-luisantes, d'une longueur médiocre, et simplement courbées en avant. Après la castration, elles prennent un grand développement, s'alongent, se contournent en haut, et acquièrent d'autant plus de longueur que l'animal a été mutilé plus jeune; mais elles perdent le luisant qu'elles avaient, avant que l'individu fût privé de la faculté de

(1) La jougle est une longue courroie qui sert à fixer la têtière du joug à la base des cornes.

(2) Dans quelques-uns de ces bœufs, l'envergure des cornes emporte près de cinq pieds.

reproduire. Les cornes des taureaux et des bœufs sont en général plus fortes et bien plus grosses, surtout vers leur base, que les mêmes parties considérées dans les vaches.

La partie cornée de chaque défense frontale représente, quand elle est détachée, une longue tige creuse, supportée par un prolongement osseux, vulgairement la *cheville*, mais mieux le *support* de la corne. Son organisation analogue à celle des poils, résulte de l'assemblage d'une multitude de cornets emboîtés les uns dans les autres, et formés eux-mêmes de fibres longitudinales intimement unies. Toute la face interne de cette tige est parsemée de petits trous destinés à livrer passage aux vaisseaux, qui pénètrent dans l'intérieur de la substance cornée, et y distribuent les sucs nutritifs.

Peu de jours après la naissance du veau, l'on peut sentir au toucher la première pousse de corne, qui apparaît sous la forme d'un gros mamelon, encore recouvert de poils qui sont redressés et écartés les uns des autres. A huit ou dix jours, le mamelon d'origine est déjà proéminent et présente une teinte qui indique la couleur qu'aura la corne. Au vingtième jour ou environ, il est dégagé de la peau, et forme un véritable cornillon flexible et lisse à sa pointe.

A cinq ou six mois, le cornillon a pris de la force, et commence à se contourner. Sa surface, recouverte par un prolongement de l'épiderme, est terne, inégale et écailleuse. Cette couche épidermique correspond à la lame caduque, qui revêt la muraille du sabot des poulains nouvellement nés. Elle subsiste au-delà d'une année, et commence à s'exfolier vers quatorze à quinze mois; elle se détruit par lames, par écailles, et découvre peu à peu le feuillet ou cornet sousjacent. Étant débarrassée de cette production cutanée, la corne frontale présente une surface lisse, luisante, et semble prendre une vigueur toute particulière.

A partir de dix à douze mois, la base de la corne devient noueuse, se garnit d'une succession de cercles, dont la formation est d'un par chaque année. Ces cercles prennent naissance à l'origine même de la corne frontale, d'où ils s'écartent progressivement, de manière que le cercle le plus ancien et le premier formé se trouve toujours le plus éloigné de la peau. Le développement de ces cercles commence par une dépression ou sillon circulaire, qui s'établit à la base de la corne, près de la peau, et survient entre dix mois à un an. Ce sillon généralement peu distinct établit la limite d'un premier cornet, qui comprend toute la pousse de la corne, et marque la première année d'âge. Chacun des sillons ultérieurs trace la ligne de séparation d'un cornet ou feuillet d'avec la peau (1).

De vingt mois à deux ans, il se forme à la base de la corne une nouvelle dépression ou sillon, qui diffère peu du sillon précédent, et limite du côté interne l'étendue d'un premier cercle ou bourrelet qui est le cachet de deux ans d'âge. Toutefois, il est à observer que cette première nodosité est superficielle et qu'elle n'est presque plus distincte, lorsque l'animal entre dans sa cinquième année.

Vers deux ans et demi à trois ans, il survient un nouveau sillon bien plus marqué que les deux précédens. Ce sillon triennal que l'on regarde vulgairement et mal à propos comme le premier indice d'âge, ceint la base de la corne, et limite en dedans le cercle ou anneau bisannuel.

De trois ans et demi à quatre ans, il se détache

(1) Pour de plus amples détails, on peut consulter l'article de la corne dans l'*Anatomie vétérinaire*, 3e édition, tome 1er, pag. 96 et suiv.

de la base de la corne un troisième cercle remarquable par sa grosseur, et que les marchands prennent pour être le premier des nœuds fournis par la corne (1). Cet anneau, détaché du côté de la peau par un sillon peu différent du précédent, semble presser, refouler les anciens cercles, qui se dépriment, et finissent par disparaître, comme il a déjà été dit.

A l'âge de quatre ans et demi, cinq ans, la base de la corne donne un nouvel anneau semblable au nœud de quatre ans, et le même travail s'opère pour chacune des années suivantes, c'est-à-dire que chaque année est marquée par la formation d'un cercle.

En résumé, les cornes frontales portent, à partir d'un an, une succession de sillons et d'anneaux alternatifs, qui sont autant d'indices d'après lesquels on peut déterminer l'âge du bœuf. A cet effet, l'on doit toujours procéder de la pointe de la corne vers sa base. Si l'on compte par sillons, ce qui nous a toujours paru plus facile et plus sûr, le premier sillon du côté de la pointe de la corne indiquera la première

---

(1) Lorsque cet anneau se détache, l'on dit vulgairement que l'animal donne son premier nœud de quatre ans.

année et le plus près de l'origine de la corne formera le dernier nombre (1). Il importe, en faisant le calcul des années par sillons, de ne pas perdre de vue que les sillons des deux premières années sont superficiels, peu distincts à quatre ans, et qu'ils sont entièrement effacés à l'âge de cinq ans. Le sillon triennal, qui subsiste dans toute son intégrité, garantit d'erreur. Lorsque l'on compte par anneaux, ou cercles, ou nœuds, ou bourrelets, l'on doit également faire attention à la présence ou à la disparition des deux cercles primitifs superficiels, que l'on ne doit plus retrouver à cinq ans. Dans tous les cas, l'anneau qui se trouve en suite du sillon triennal, se distingue par sa grosseur et donne la quatrième année.

Les règles précédemment établies, et d'après lesquelles on peut distinguer le nombre des années, éprouvent des exceptions, parce qu'elles reposent sur des bases susceptibles de varier. Ainsi, dans les animaux faibles et rabougris, les cornes participant à cet état misérable, ne se développent qu'incomplétement, s'altèrent de

---

(1) Ces sillons sont toujours plus marqués, plus détachés dans la concavité de la corne et en dessous.

diverses manières, et ne peuvent pas servir à la connaissance de l'âge; les marques qu'elles portent, ne sont communément que des productions irrégulières, desquelles on ne peut tirer aucune induction sûre.

Les anneaux de quatre, cinq, six, sept et même huit ans, se succèdent assez régulièrement, et sont en général assez bien prononcés ; il n'en est pas de même de ceux qui poussent après cet âge, surtout dans les vaches. Lorsque ces femelles ont dépassé leur huitième année, la base des cornes se déprime, les cercles se rapprochent les uns des autres, et plusieurs commencent à se confondre ensemble ; enfin, il arrive une époque où ces bourrelets ne forment plus que des rugosités irrégulières, d'après lesquelles il serait impossible de compter le nombre des années. Ajoutons aussi que les cornes des vieilles vaches se courbent, se contournent de différentes manières, et que les détériorations ne sont presque jamais les mêmes dans les deux cornes. Les prolongemens frontaux des vieux bœufs abattus dans les boucheries, n'offrent jamais ces sortes d'altérations, si fréquentes dans les vieilles vaches dont les cornes ont été râpées à une certaine époque. Au lieu de se déprimer et devenir rugueuses à leur base, les cornes des bœufs conservent leur grosseur naturelle et toute leur vigueur; les cercles sont à la vérité peu distincts et presque tous de niveau, mais les sillons laissent encore des traces écailleuses, à l'aide desquelles on peut parvenir, avec un peu d'habitude, à compter le nombre des années.

Dans quelque pays, tels que les environs de Paris, les marchands sont dans l'habitude de *refaire* les cornes (1) des vaches, afin de les faire paraître jeunes et vivaces, et dans le but aussi de dissimuler l'âge des animaux. Ils commencent par les scier et les raccourcir, ils les amincissent ensuite avec une râpe, jusqu'à ce que toutes les inégalités soient détruites, et ils finissent par les lisser avec un morceau de verre ou avec un instrument tranchant. Cette manœuvre, qu'une simple inspection des dents fait déceler, ne se pratique que dans les contrées où les bêtes pourvues de petites cornes bien luisantes, sont regardées comme bonnes laitières. Une telle pratique serait très-préjudiciable dans les loca-

_____

(1) *Refaire* les cornes, signifie les arranger, les travailler de manière à leur donner une apparence favorable pour la vente des animaux.

lités, où les vaches portent le joug et concourent aux travaux de culture.

§ IV. *Résumé de l'âge du bœuf.*

La connaissance de l'âge des bêtes bovines
n'est bien utile que depuis dix-huit mois jusqu'à
une dizaine d'années, période de la vie pendant
laquelle ces animaux circulent dans le commerce,
et offrent des avantages particuliers, suivant les
degrés de leur âge. Les veaux livrés à la boucherie sont appréciés uniquement d'après leur développement, selon leur maigreur ou leur em-
bonpoint. Les bourrets ou bourettes portent
toutes leurs dents de lait, et l'état des pinces,
ainsi que des premières mitoyennes, fait juger
s'ils seront encore long-temps à déchausser, ou
si la chute des premières dents est sur le point
de s'effectuer. Les bœufs dépassent bien rarement l'âge de douze ans, ils sont engraissés et
abattus avant cette époque, ou bien ils meurent
accidentellement. L'expérience prouve qu'il y a
perte réelle à les conserver au-delà de onze à
douze ans. Aussi, il ne reste dans le commerce
que bien peu de bêtes bovines, âgées de plus de

douze ans, l'on ne rencontre guère que des vaches, que l'on a conservées parce qu'elles étaient
bonnes laitières ou bonnes travailleuses. Nous
dirons aussi que les vieilles vaches qu'il est dis-
pendieux et difficile d'engraisser, restent dans les
mêmes mains, et n'en changent que pour être
conduites dans des abattoirs.

D'après les considérations qui précèdent, nous
eussions peut-être dû nous borner à n'analyser
ici que les âges depuis deux jusqu'à neuf ou
dix ans; nous avons donné à ce résumé à peu
près toute l'extension dont il pouvait être susceptible, afin d'éviter les reproches.

TABLE ANALYTIQUE DE L'AGE.

AGE D'UN AN A QUINZE MOIS. *Dents*. Présence
de toutes les dents de lait; — rasement successif
des quatres mitoyennes; — pinces nivelées,
courtes, déchaussées et vacillantes.

Cornes. Formation d'un premier sillon superficiel; — destruction successive du feuillet
épidermique.

AGE DE DIX-HUIT MOIS A DEUX ANS. *Dents*.
Chute des pinces de lait, et leur remplacement
par celles d'adulte; — premières mitoyennes,

nivelées et branlantes; — l'animal a jeté ses
deux pinces, a fait ses deux dents larges (*Fig.* 6).

Cornes. Deux sillons superficiels, celui de
l'année est plus prononcé; — formation d'un
premier anneau, étroit et superficiel; — la
corne est lisse et luisante.

AGE DE DEUX ET DEMI A TROIS ANS. *Dents.*
Les premières mitoyennes de lait tombent, et
sont remplacées par des incisives d'adulte; —
l'animal a fait quatre dents; — les secondes mitoyennes de lait sont prêtes à tomber ou n'existent
plus (*Fig.* 7).

Cornes. Formation d'un grand sillon circulaire, considérée vulgairement comme le premier indice d'âge; — les deux sillons d'un et de
deux ans, sont peu distincts.

AGE DE TROIS ET DEMI A QUATRE ANS. *Dents.*
Les secondes mitoyennes caduques sont remplacées par celles d'adulte; — l'animal porte
alors six dents larges ou d'adulte; — les coins
sont tombés, ou ne forment que des restans de
dents qui branlent (*Fig.* 8).

Cornes. Évolution d'un grand anneau regardé mal à propos comme le premier nœud
détaché de la base de la corne; — deux grands
sillons qui limitent l'anneau précédent; — le

cercle bisannuel est presque entièrement effacé, et les sillons qui en limitent l'étendue sont à peine sensibles.

AGE DE QUATRE ET DEMI A CINQ ANS. *Dents.* Évolution des coins de remplacement ; on dit alors que l'animal a tout mis ; — usure avancée des pinces et des premières mitoyennes.

Cornes. Trois grands sillons, le dernier ne fait que commencer ; — disparition entière des deux sillons primitifs, d'un an et de deux ans ; — deux grands cercles.

AGE DE CINQ ET DEMI A SIX ANS. *Dents.* L'animal parvient au rond ; — rasement des pinces ; — usure d'environ les deux tiers de leur avale ; — les premières mitoyennes plus ou moins usées (*Fig.* 9 *et* 10).

Cornes. Quatre sillons et trois cercles, — le sillon de l'année n'est bien détaché qu'à six ans.

AGE DE SIX ET DEMI A SEPT ANS. *Dents.* Le rond n'est plus aussi régulier ; — rasement des premières mitoyennes ; — commencement d'usure du bord tranchant des coins.

Cornes. Cinq sillons et quatre cercles ; — dans le bœuf, les anneaux ne forment pas exubérance, et les sillons sont marqués par un cercle d'écailles.

Age de sept et demi a huit ans. *Dents.*
Abaissement marqué de l'arcade incisive ; — rasement des secondes mitoyennes ; — nivellement des pinces, souvent aussi des premières mitoyennes.

Cornes. Six sillons et cinq cercles ; — les deux derniers cercles formés sont étroits.

Age de huit a neuf ans. *Dents.* L'arcade incisive plus déprimée, plus abaissée ; — rasement des coins ; — nivellement des mitoyennes ; — les pinces commencent à devenir concaves.

Cornes. Sept sillons et six cercles ; — dans les vaches, les anneaux commencent à dégénérer en rugosités ; — dans le bœuf, les sillons ne sont indiqués que par des écailles.

Age de neuf a dix ans. *Dents.* L'arcade incisive se raccourcit de plus en plus ; — les dents sont presque toutes nivelées ; — les pinces prennent une forme carrée ; — concavité sur les pinces et sur les premières mitoyennes.

Cornes. Huit sillons et sept cercles ; — altération plus forte des anneaux.

Age de dix a onze ans. *Dents.* Dents très-courtes ; — les coins sont nivelés, et l'arcade incisive est au ras ; — étoile dentaire des pinces et des mitoyennes, carrée et bordée.

Cornes. Neuf sillons et huit anneaux; — la base de la corne des vaches se déprime; — confusion des cercles dans ces femelles; — détériorations générales et différentes des cornes de ces mêmes individus.

Age de onze a douze ans. *Dents*. Incisives déchaussées; — concavité des tables bien prononcée; — étoile dentaire sur toutes les incisives carrée et bordée.

Cornes. Dix sillons et neuf cercles ; — ces marques sont généralement peu distinctes.

Age de douze a quatorze ans. *Dents*. Incisives très-courtes, fort écartées les unes des autres, et usées jusqu'auprès du collet; — toutes les dents ont leur étoile carrée et bordée; — à douze ou treize ans, l'émail d'encadrement des pinces prend parfois la forme d'un fer à cheval; — vers quatorze ans, la même altération se fait remarquer sur les mitoyennes.

Cornes. Onze à douze sillons, et un cercle de moins; — il est souvent impossible de distinguer ces marques, et de pouvoir les compter.

Age de quatorze a dix-sept ans. *Dents*. Destruction successive du corps des dents, et cette destruction s'opère parfois d'une manière irrégulière; l'usure étant parvenue au collet, la dent ne forme plus qu'un chicot jaune, vacillant ; — assez souvent l'animal devient brèche d'une ou de plusieurs dents.

Cornes. Confusion des cercles dégénérés en rugosités chez les vaches, dont les cornes sont détériorées et tortillées en différens sens.

ARTICLE DEUX.

AGE DU MOUTON.

———

Depuis l'introduction des mérinos en France, les bêtes à laine ont excité une attention presque générale ; elles ont été étudiées sous tous les rapports, et l'on a vu se succéder différens écrits relatifs à leur éducation, et aux avantages qu'elles peuvent présenter. La plupart des auteurs ont consacré un article particulier à la connaissance de l'âge de ces précieux animaux. A cet égard, Daubenton a ouvert la marche et a donné la leçon. Dans son instruction pour les bergers et pour les propriétaires de troupeaux, il a indiqué les moyens de distinguer l'âge du mouton jusqu'à cinq ans. Ses principes déduits de l'observation pratique portent l'empreinte de l'exactitude, et laissent peu à désirer. Tous les écrivains postérieurs qui ont parlé de l'âge des bêtes à laine, n'ont fait que copier ce célèbre auteur sans y apporter ni changemens ni additions.

Les dents incisives sont à peu près les seules parties du corps, desquelles on puisse tirer des inductions propres à la connaissance de l'âge du mouton. Daubenton rapporte qu'après cinq ans, on peut estimer le nombre des années par l'état des dents mâchelières, et il se borne à déclarer que « plus ces dents sont usées et rasées, plus l'animal est vieux. » Une remarque aussi importante nécessitait quelques détails ; elle méritait surtout d'être étayée sur des faits. Nous avons cherché à constater jusqu'à quel point cette assertion pouvait être fondée ; nous avons examiné comparativement les molaires d'une foule de sujets ayant dépassé la cinquième année, et nous n'avons pas observé de changemens assez réguliers, ni de nuances assez bien distinctes pour marquer les degrés de l'âge après cinq ans. Il faudrait d'ailleurs que les marques fournies par ces dents, fussent très-prononcées pour être aperçues dans la profondeur de la bouche, qu'il est toujours difficile d'inspecter. Toutefois, nous avons donné une courte description des molaires, afin de faire connaître leur renouvellement et leur disposition extérieure. Nous avons également parlé des cornes frontales, si différentes de celles des bêtes bovines, et nous avons indiqué les di-

vers changemens qu'éprouvent ces parties, pendant le cours de la vie de l'animal.

§. Ier. *Des dents incisives.*

La mâchoire postérieure de la bête à laine
porte, comme celle du bœuf, huit incisives,
dont deux pinces, deux premières mitoyennes,
deux secondes mitoyennes et deux coins. Ces
dents, disposées et rangées de la même manière
que celles des bêtes bovines, éprouvent les mêmes
changemens que ces dernières, et se distinguent
également en dents caduques ou d'agneau, et dents
de remplacement ou d'adulte ; en un mot, les
incisives du mouton ressemblent à celles du
bœuf, et offrent à peu près les mêmes considérations. Les différences qui existent des unes aux
autres, sont peu nombreuses, mais importantes
à connaître.

Considérées dans l'animal adulte, et lorsqu'elles
ont acquis une certaine longueur, les incisives de
la bête ovine sont larges, pyramidales, et elles
vont en se rétrécissant du bord tranchant vers
la gencive. Ces dents, dépourvues de collet, sont
en général plus relevées et plus tranchantes que
celles du bœuf ; elles sont fixées d'une manière

immobile dans leurs alvéoles , et ne jouissent pas
de ce mouvement de haut en bas qui est propre
aux incisives du bœuf. Ces différences bien remarquables expliquent pourquoi le mouton coupe
l'herbe de très-près, pourquoi il arrache un grand
nombre de plantes, et détériore ainsi les prairies;
tandis que le bœuf, qui a une grosse lèvre, et qui
ramasse toujours ses alimens en faisceau , ne peut
couper que la pointe de chaque tas d'herbe, et
n'abîme pas les pâturages.

Les incisives du mouton , généralement moins
blanches que celles du bœuf , sont le plus souvent bordées de noir sur les côtés et autour des
gencives; et cette teinte noire existe constamment
sur les petites cannelures que porte l'avale de leur
table.

Les incisives caduques de la bête à laine sont
bien plus petites et beaucoup plus étroites que
les mêmes dents de remplacement. Aussi Daubenton a-t-il distingué les premières en dents
pointues ou de lait, et a-t-il nommé les secondes
dents *larges* ou d'adulte. Les unes et les autres
restent immobiles dans leurs alvéoles jusqu'à une
certaine époque, où elles deviennent branlantes;
ce qui arrive dès qu'elles sont déchaussées et expulsées en grande partie hors de l'os maxillaire ;

cet état de vacillation précède d'u ncertain temps leur chute, et va toujours en augmentant, jusqu'à ce que la dent tombe d'elle-même.

Eruption et usure .L'agneau naît presque toujours sans dents incisives complétement dégagées ; les pinces, quoique apparentes et hors des alvéoles, se trouvent encore recouvertes par la gencive ; parfois on aperçoit aussi sous cette membrane les deux premières mitoyennes, qui sont un peu moins saillantes que les pinces. Vers le vingt-cinquième jour de sa naissance, le jeune animal est pourvu de toutes les incisives, et cette première denture persiste jusqu'à un an à dix-huit mois, époque où la chute des caduques commence à s'effectuer, et où l'on voit paraître les premières incisives d'adulte. Pendant leur persistance, les dents de lait prennent de la blancheur, s'alongent et s'usent plus ou moins, suivant la nature des parcours sur lesquels l'animal prend sa nourriture. Au bout de deux à trois mois, cette rangée dentaire forme le rond, et se trouve partagée, comme dans le veau, en deux portions de cercle produites par la courbure en dehors de chaque incisive de droite et de gauche. L'usure de ces mêmes dents ne se manifeste que lorsque l'agneau fait usage d'alimens fibreux, et

elle est d'autant plus grande que ces substances
alimentaires sont plus dures. Mais les altérations,
résultats de frottement, ne sont pas assez régulières pour servir à la connaissance de l'âge. Nous
ferons aussi observer que les marques, tracées par
l'usure successive des dents de lait, ne peuvent
pas être d'une certaine importance, parce qu'il
est toujours facile de distinguer l'agneau de
quatre à six mois d'avec celui de dix à douze
mois, non-seulement par le développement général du sujet, mais encore par l'état des incisives. Dans le premier cas, les dents sont fraîches
et peu endommagées, tandis que les incisives
d'un agneau de dix mois à un an sont déchaussées, détériorées, et les pinces vacillantes sont
prêtes à tomber.

De quinze à dix-huit mois, les pinces sont
remplacées par deux pinces d'adulte; celles-ci
se montrent au dehors par une pointe et sortent
un peu de travers, mais moins que dans la
bête bovine. L'agneau, qui se trouve dès-lors
dans sa deuxième année (*pl.* iv, *fig.* 2) est appelé *antenais*, expression qui indique que l'individu est né l'année d'auparavant, et ce jeune
animal conserve le nom d'antenais jusqu'à la
sortie des premières mitoyennes.

La période de vingt à vingt-sept mois est marquée par la chute des premières mitoyennes caduques et par la sortie des remplaçantes. A cet âge (*fig.*3), le mâle, que l'on conserve entier pour la lutte, quitte le nom d'agneau pour prendre celui de *bélier*. Lorsque l'individu a subi la mutilation, on le désigne par le terme de *mouton*; et la femelle, que l'on ne prive presque jamais de ses organes reproducteurs, porte le nom de *brebis*. Dans quelques sujets, les mitoyennes d'adulte sortent en même temps que les pinces; et cela s'observe plus particulièrement dans les béliers, animaux dont l'accroissement est en général plus prompt que celui des femelles.

Vers trois ans et demi arrive la chute des secondes mitoyennes caduques, qui font place aux mitoyennes d'adulte, et parfois le même changement s'opère en même temps aux secondes mitoyennes (*fig.* 4).

De quatre à quatre ans et demi, les coins d'adulte expulsent ceux de lait, et se montrent au dehors (*fig.* 5). Parfois la chute des coins caduques se fait en même temps que celle des secondes mitoyennes; mais les coins de remplacement ne sortent qu'après les mitoyennes, presque toujours aux époques ordinaires; et dans ce cas la gencive reste dégarnie de coins pendant un certain temps. Il y a même des individus chez lesquels les coins ne sont pas remplacés, et l'arcade incisive ne comporte alors que six dents.

Après avoir terminé leur évolution, les incisives d'adulte s'alongent, s'usent et s'altèrent de diverses manières. Elles arrivent au rond entre cinq à six ans, et leur usure procède de la même manière que dans le bœuf : elle produit d'abord le rasement du bord tranchant, puis celui de l'avale, et elle finit par amener le nivellement de toute la table. Suivant l'ordre le plus général, et en quelque sorte le plus naturel, le rasement des pinces devrait toujours avoir lieu avant celui des mitoyennes, et devenir l'indice de la sixième année ; les premières mitoyennes ne devraient raser qu'après les pinces, et marquer sept ans ; les secondes mitoyennes éprouver la même altération à huit ans, et les coins à neuf ans. Il n'en est pas toujours ainsi : l'usure des incisives, par suite du frottement qu'elles éprouvent, présente dans sa marche tant de variations, que l'on ne rencontre que bien peu de bêtes, chez lesquelles le rasement de chaque paire d'incisives s'effectue d'une manière régulière, à partir des pinces jusqu'aux coins. Souvent le rasement des pinces

précède la sortie des premières mitoyennes. La
même remarque s'applique à ces dernières relativement aux secondes mitoyennes. Assez fréquemment les dents d'antenais et de trois ans
sont déjà usées, lorsque la bête ne devrait qu'arriver au rond. En résumé, les changemens qui
surviennent aux dents après qu'elles ont complété
leur éruption, sont très-variables, et ne peuvent
communément donner qu'une idée approximative de l'âge. Il est vrai que ces inductions suffisent toujours pour faire juger si l'animal est
très-vieux, ou s'il n'a pas dépassé de beaucoup
sa cinquième année. Dans ce dernier cas, les coins
sont courts, intacts ou peu endommagés. A mesure que l'animal s'éloigne de l'âge de cinq ans,
les mêmes coins s'alongent, et ils atteignent à
six ans la hauteur des mitoyennes. En supposant
que l'usure insolite des mitoyennes ne permette
pas de distinguer la septième année, l'état des
coins indiquera si la bête peut encore être dans
sa septième année, ou si elle approche de sa neuvième, époque où la table des coins est nivelée,
et où l'arcade incisive parvient au ras ; on se
guidera encore sur l'état des pinces et des premières mitoyennes : ces dents se déchaussent, et
commencent à branler lorsque l'animal a atteint
sa sixième année.

Outre l'usure irrégulière de leur table, les incisives du mouton subissent diverses autres altérations, dont quelques-unes méritent une attention particulière. Ainsi, les bêtes qui pâturent sur des bruyères ou sur des terrains dont l'herbe est courte et dure, portent fréquemment *la queue d'hirondelle*, entaille triangulaire, établie entre les deux pinces, et formée aux dépens du bord interne de ces dents (*fig.* 6, *a*). Cette entaille, qui peut exister à tout âge, mais qui ne se fait guère remarquer avant l'âge de quatre à six ans, est un simple accident dont on ne peut tirer nulle induction pour la connaissance de l'âge.

L'arcade incisive du mouton peut se présenter sous deux états opposés : pécher par excès d'alongement ou par excès de raccourcissement. La première de ces anomalies, qui est une pousse extraordinaire, ne commence à être bien prononcée que chez les animaux qui ont dépassé leur sixième année, et l'alongement continue jusqu'à la chute de la dent, nonobstant l'usure qui a lieu sur les tables des dents. Après l'âge de sept ans, les incisives se déchaussent, deviennent vacillantes, et finissent par tomber naturellement. Parfois les longues dents se rétrécissent du bout, se rapprochent par leurs extrémités, semblent se presser vers le milieu de la mâchoire, et rendent l'arcade incisive comme racornie sur elle-même.

Le raccourcissement général des incisives, qui est un peu moins fréquent que leur alongement outre-mesure, est toujours le résultat d'une usure insolite, qui s'opère simultanément sur toutes les dents, et qui finit par les déprimer jusque contre la gencive. La bête dont les dents sont aussi complétement usées, n'a pas moins de dix ans, et peut en avoir quinze.

Le manque d'une ou de plusieurs incisives cassées ou tombées accidentellement, rend l'animal brèche; et cet accident, qui peut survenir à toutes les époques de la vie, se fait remarquer plus souvent dans les vieilles bêtes que dans les jeunes.

§ II. *Des molaires.*

Les molaires du mouton ressemblent parfaitement à celles du bœuf, affectent la même disposition, et n'en diffèrent que sous peu de rapports. Chaque rangée mâchelière de la bête à laine est composée de six grosses dents, pressées les unes contre les autres, et beaucoup plus fortes dans la mâchoire antérieure, que dans la posté-

rieure ou inférieure. La rangée supérieure décrit, comme dans le bœuf, une ligne un peu courbe,
dont la convexité est tournée en dehors du côté
de la joue ; la table aussi découpée sur un plan
oblique, offre une succession d'éminences irrégulières et de dépressions alternatives, qui sont
disposées en travers et en zig-zag. Les trois avant-
molaires, bien plus petites que les trois arrière-
molaires, forment le tiers juste de la longueur
de la rangée mâchelière. La couche cémenteuse,
qui revêt les faces latérales de toutes les molaires,
paraît plus noire et plus épaisse que dans le bœuf.
De même que ce dernier quadrupède, le mouton
porte deux sur-molaires à chaque arcade, et ces
sur-dents qui touchent de chaque côté la première avant-molaire, tombent presque toujours
à l'époque de la sortie de cette première molaire
d'adulte.

L'évolution des mâchelières, tant caduques que
remplaçantes ou permanentes, s'opère dans le
même ordre et à peu près aux mêmes époques
que chez les bêtes bovines. La seule différence
consiste, en ce que l'éruption de chaque paire de
mâchelières est toujours plus hâtive de deux à
trois mois que celle des mêmes dents du bœuf.
Ainsi, l'agneau porte en naissant toutes ses avant-

molaires, tandis que les mêmes dents du veau ne paraissent au dehors qu'après la naissance.

§ III. *Des cornes frontales.*

Toutes les bêtes à laine ne sont pas pourvues de cornes ; cet ornement de la tête est en quelque sorte l'apanage des béliers ; quelques-uns en sont cependant privés ; il est même des races, telles que les bêtes anglaises à longue laine, dont les individus mâles et femelles ne portent pas de cornes. Un assez grand nombre de brebis mérinos et indigènes ou améliorées ont la tête armée de cornes, qui ne sont, comparativement à celles du bélier, que des avortons, que des cornillons.

Les productions frontales dont il s'agit, ne se développent qu'après la naissance, prennent leur plus grande croissance pendant la première année, et cessent de s'alonger lorsque l'animal a dépassé sa quatrième année. Elles offrent la même structure organique que celles du bœuf, et sont de même composées : 1° d'un support ou cheville osseuse ; 2° d'un tissu réticulaire ; 5° enfin d'une corne extérieure, formée elle-même de cornets emboîtés les uns dans les autres. Leurs principales différences d'avec les cornes bovines résident

dans les formes et dans la croissance. Ainsi, les
cornes des béliers se contournent en spirale,
et présentent dans toute leur longueur une succession de rides ou rugosités circulaires, qui
forment diverses agglomérations. Au lieu d'être
unies et cylindriques, les cornes ovines sont pris-
matiques, et l'une de leurs facés suit le contour,
la convexité de la partie. Leur croissance, qui ne
se continue que jusqu'à l'âge de cinq ans, peut
être interrompue et arrêtée par la castration, opération qui produit un effet tout contraire sur les
cornes du bœuf (1).

L'agneau mâle naît sans cornes, et celles-ci font
leur évolution dans les quinze premiers jours de
la naissance. En s'élevant de chaque côté de la
tête, ces prolongemens frontaux entraînent une
couche épidermique, qui commence à s'exfolier
vers six semaines à deux mois, et dont la chute
fait pour ainsi dire place aux rugosités dont il a
été fait mention. Dans les premiers temps de
leur formation, les cornillons semblent n'être
que des appendices mobiles, mais qui, à l'âge de

(1) Après la castration, la pousse des cornes du mouton
continue encore pendant quelque temps, mais elle diminue
insensiblement et cesse tout-à-fait au bout de deux à trois
mois.

trois à quatre mois, commencent à prendre une certaine fixité, se consolident peu à peu sur la tête et finissent par devenir parties intégrantes du crâne.

Notre intention n'est pas de donner ici une description détaillée des cornes ovines, et de les considérer sous tous leurs rapports ; nous ne leur avons consacré un article particulier que pour examiner, jusqu'à quel point ces parties peuvent servir à la connaissance de l'âge. Les recherches auxquelles nous nous sommes livrés à ce sujet, ont eu lieu sur des béliers mérinos, dont la naissance se trouvait constatée dans un registre, et nos dernières vérifications ont été faites sur les animaux de l'établissement rural et royal de Rambouillet.

A partir de la naissance, jusqu'à l'âge le plus avancé, les cornes des béliers mérinos éprouvent des changemens presque continuels ; comme il a déjà été dit, elles s'alongent, grossissent jusqu'à quatre ans révolus et se garnissent annuellement d'un grand nombre de nœuds ou rugosités ; lorsque l'animal est parvenu dans sa cinquième année, elles n'offrent plus le même luisant, et subissent diverses altérations qui augmentent avec l'âge. Leur croissance, très-forte pendant la première année, diminue graduellement dans les années suivantes , et il nous a paru qu'elle cesse tout-à-fait dès que l'individu a dépassé sa quatrième année. D'après des relevés exacts, l'accroissement annuel de chaque corne peut être évalué comme il suit :

Pour la première année...de 19 à 20 pouces.
Pour la deuxième id.....de 5 à 6
Pour la troisième id.....de 3 à 4
Pour la quatrième id.....de 2 à 3

D'où il suit qu'à l'âge de cinq ans, les cornes ovines ont acquis leur plus grande longueur , et qu'elles peuvent alors comporter de 29 à 33 pouces.

L'on n'observe pas de limites bien prononcées entre la pousse de chaque année ; la seule nuance sensible , et qui laisse encore beaucoup d'incertitude , réside dans les cercles ou mieux rugosités, qui forment des séries ou agglomérations annuelles. Cette disposition des rugosités en autant de séries que l'animal compte d'années , dépend incontestablement du mode d'accroissement de la partie, qui, de même que dans le bœuf , augmente chaque année d'un feuillet ou cornet , et chacune de ces pousses annuelles donne des nodosités particulières. Ainsi, l'agglo-

mération de la première année comprend 20 à
25 rugosités, distinctes de celles des années suivantes autant par leur grosseur que par l'écartement qu'elles laissent entre elles; et ces nodosités si remarquables se dépriment, se rapprochent
les unes des autres, au fur et à mesure que l'animal prend de l'âge. Les agglomérations qui font
suite à celles de la première année et qui surviennent à l'origine de la corne, se composent
chacune de quinze à vingt rugosités très-petites,
serrées, irrégulières, et dont plusieurs se confondent ensemble. Dans certains béliers, l'on
distingue assez bien les différentes agglomérations, dont le nombre sert à déterminer celui des
années de l'animal; et ce qu'il y a de bien remarquable, c'est que l'indication d'âge fournie par
les cornes, se trouve être presque toujours en rapport avec celle donnée par les dents; de manière
que si l'individu avance par les incisives, il avan-
cera également par les cornes. Les rugosités des
premières années ont des caractères tranchans
qui sont constans et faciles à saisir. Il n'en est
pas de même des agglomérations ou séries des
années suivantes; elles offrent souvent une telle
confusion qu'il est impossible de reconnaître des
limites entre elles, et il est alors très-difficile,

même impossible, de distinguer l'âge par les cornes.

§. IV. *Résumé de l'âge du mouton.*

Le plus généralement les agneaux naissent en février ou à la fin de janvier, et deviennent antenais au printemps de l'année suivante. La connaissance de leur âge par les dents, pendant la première année, est à peu près sans utilité, puisque le développement du corps suffit pour faire juger approximativement du nombre de mois écoulés depuis la naissance de l'animal. Toutefois, l'état des incisives peut, comme nous l'avons précédemment expliqué, indiquer si l'époque de la chute des pinces est encore éloignée, ou si le remplacement de ces dents est sur le point de s'effectuer.

Âge de dix mois à un an. Toutes les incisives sont plus ou moins usées; — les pinces commencent à se déchausser;—dans les agneaux poussés en nourriture, ces mêmes dents sont branlantes et sur le point de tomber.

Les cornes des béliers mérinos sont bien développées, et leurs rugosités, sont grosses; distinctes les unes des autres.

Age de quinze à dix-huit mois. Eruption des pinces d'adulte; — les mitoyennes se déchaussent; — l'agneau prend le nom d'antenais.

La base de la corne des béliers porte une seconde agglomération de petits cercles, dont plusieurs se confondent, et dont le nombre est variable.

Age de deux à deux ans et demi. Le remplacement des premières mitoyennes caduques est le cachet de cette époque; — les dents de lait, encore existantes, sont détériorées et semblent faire corps étranger.

On distingue à la base de la corne des béliers une troisième agglomération de rugosités, irrégulières, très-petites, et très-rapprochées les unes des autres.

Age de trois à trois ans et demi. Remplacement des secondes mitoyennes caduques; — parfois, chute simultanée des coins; — à cette époque, les pinces ont acquis une certaine longueur, et ont éprouvé un certain degré d'usure.

Il paraît à la base des cornes des béliers une quatrième agglomération de rugosités, semblables aux précédentes.

Age de quatre à quatre ans et demi. Eruption des coins d'adulte; — les pinces et les premières mitoyennes sont altérées et complétement rasées; mais les secondes mitoyennes présentent encore de la fraîcheur.

Cinquième agglomération de rugosités à la base des cornes des béliers.

Age de cinq à cinq ans et demi. L'arcade incisive parvient au rond, et les coins sont encore frais.

A six ans, la bête à laine cesse de marquer, et l'on ne peut plus juger qu'approximativement du nombre des années. Les détériorations qui surviennent, et dont nous avons parlé en détail, indiquent assez bien si la bête est très-vieille, ou si elle n'est pas éloignée de l'époque à laquelle elle a cessé de marquer. Il importe surtout de se rappeler qu'autour de sept ans les pinces commencent à branler, et sont en grande partie déchaussées. Les mitoyennes subissent un peu plus tard la même détérioration, et toutes ces dents deviennent de plus en plus vacillantes.

Les marchands de moutons savent apprécier en foire, ou sur un marché, l'âge des bêtes à laine par le simple aspect de leur tête; ils jugent que les animaux sont encore jeunes, et qu'ils n'ont pas dépassé deux ans et demi, lorsque le bout de leur nez est encore étroit et effilé. Ils savent que ce caractère de jeunesse n'en impose jamais, et qu'il ne peut pas exister dans les bêtes âgées de quatre ans et plus. L'extrémité de la tête de ces derniers semble empâtée, comme boursoufflée, et offre un aspect tout particulier ; les très-vieux sujets ont la lèvre inférieure pendante, et manquent de certaines dents incisives, ou n'en ont plus aucune.

ARTICLE III.

AGE DU CHIEN.

LA durée ordinaire de la vie du chien est d'une douzaine d'années ; ce qui varie suivant les races, et selon les conditions dans lesquelles ces animaux passent leur existence. En général , les chiens conservés dans l'intérieur des habitations deviennent moins vieux que ceux qui se rapprochent plus ou moins de l'état sauvage. La connaissance de l'âge de ces quadrupèdes s'acquiert, comme dans le cheval, par les changemens divers qui surviennent aux dents. Les formes extérieures du corps peuvent bien indiquer les principales époques du cours de la vie ; mais elles ne retracent jamais d'une manière précise le nombre des années.

Le chien adulte porte quarante-deux dents , dont vingt pour la mâchoire supérieure et vingt-deux pour l'inférieure. L'arcade de cette dernière comprend deux petites molaires supplémentaires

qui n'existent jamais à la mâchoire supérieure.
Toutes les dents, à l'exception des crochets, sont
pourvues d'un collet bien prononcé, qui se trouve
recouvert par la gencive, et qui sépare le corps de
la dent d'avec sa racine; leurs tables , garnies de
pointes , sont disposées de manière à déchirer et
à broyer la proie, dont se repaît l'animal. En
général , les dents de ce carnivore ne prennent
qu'une croissance médiocre : aussi elles usent fort
peu comparativement à la déperdition de substance qu'éprouvent les mêmes parties dans les
monodactyles. Les chiens qui courent à la cha-
rogne, ou que l'on nourrit avec des débris d'animaux, usent beaucoup, et sont exposés à perdre
diverses dents, qui sont arrachées ou cassées d'une
manière quelconque.

Comme ces quadrupèdes sont très-avides de
chair, et qu'ils aiment passionnément à ronger
les os, il s'ensuit que leurs dents antérieures, les
incisives et les crocs, usent d'une manière fort
irrégulière : aussi la connaissance de l'âge par
l'inspection des dents n'est-elle pas de longue
durée. Lorsque l'animal a atteint sa quatrième
année, l'arcade incisive , diversement altérée,
offre déjà beaucoup d'incertitude, et cette incertitude augmente avec les anomalies.

§. Ier. *Des dents incisives et des crochets.*

A. Les incisives, au nombre de six à chaque mâchoire, sont implantées les unes contre les autres, vont en augmentant tant en grosseur qu'en longueur, des pinces aux mitoyennes et de celles-ci aux coins, toujours les plus saillans et les plus forts. Dans la mâchoire supérieure, les coins dépassent de beaucoup les mitoyennes, en sont même un peu écartés, et ils se terminent par une pointe conique, courbée en arrière et en dehors : aussi chaque coin supérieur forme-t-il une véritable dent angulaire, contre laquelle passe et frotte le crochet inférieur.

Tant que les dents d'adulte sont entières, et qu'elles n'ont pas été endommagées par l'usure, elles ont une belle apparence; leur couleur est d'un blanc mat, et leur table présente, comme l'incisive des ruminans, un bord antérieur ou tranchant, et une avale. 1° Le bord antérieur est dentelé, divisé en trois lobes, dont le plus fort et le plus saillant se trouve dans le milieu, et forme le sommet, la pointe de la dent. Les deux lobes latéraux n'ont que l'apparence de petites entailles, pratiquées aux côtés du lobe principal, et l'entaille interne est même peu prononcée, surtout lorsque les dents sont petites, quoique proportionnées au corps de l'animal. Cette sorte de découpure du bord dentaire constitue ce que l'on appelle vulgairement la *fleur de lis*, dont l'effacement par usure indique le rasement de la dent.

2° L'avale disposée, comme dans l'incisive du bœuf, regarde la cavité de la gueule, occupe la presque totalité de la face interne de la dent, et semble avoir été formée par une gouge; latéralement et du côté du collet, elle se trouve circonscrite par un rebord saillant, qui produit et découpe les deux lobes latéraux.

La racine des dents incisives est aplatie sur les côtés et courbée en arrière. Tant que la dent est encore jeune, cette racine présente une grande et profonde cavité qui renferme la substance pulpeuse; et elle se rétrécit avec l'âge, au point de ne plus former qu'un très-petit trou rond, qui se prolonge dans l'intérieur de la partie.

Les incisives caduques, comparées à celles de remplacement, n'offrent de différences que dans la grosseur. Les dents de lait sont bien plus petites et plus blanches; elles sont aussi plus pointues, et ne persistent que peu de temps après la naissance. Elles tombent avant l'apparition des remplaçantes, et il y a toujours plusieurs jours d'intervalle entre la chute des premières et l'éruption des secondes.

B. Les crochets, vulgairement les *crocs*, les *lanières*, les *défenses*, et que l'on appelle aussi dents angulaires (pl. IV, *fig.* 10 et 11 *a*, *a*), sont au nombre de quatre, deux pour chaque arcade; ils constituent des instrumens, dont l'animal se sert avantageusement pour se défendre, pour mordre, haper sa proie, la déchirer et l'attirer dans sa gueule. Ces dents, plus grosses et plus longues à la mâchoire supérieure qu'à l'inférieure, prennent un grand accroissement, éprouvent de nombreuses altérations, et affectent la même disposition que dans le cheval. Leur partie libre, pyramidale, courbée en arrière et en dehors, se termine par une pointe presque aiguë, présente à sa face interne une dépression peu différente de l'avale des incisives, et circonscrite, comme dans ces dernières, par un rebord superficiel. Le crochet supérieur se trouve implanté plus près des molaires que des incisives, et il croise le croc inférieur en passant par-derrière. Celui-ci, fixé tout près du coin de la mâchoire inférieure, frotte contre la face postérieure du coin ou petit crochet de l'arcade dentaire supérieure. Lorsque les mâchoires sont rapprochées et appliquées l'une sur l'autre, le croc inférieur passe entre les deux crochets de la mâchoire supérieure, croise ces dents, et frotte contre elles, mais plus particulièrement contre le crochet incisif. Ce croisement très-remarquable explique la manière dont le chien opère la morsure; il donne une juste idée des déchiremens intérieurs que doit produire l'animal, lorsqu'il tiraille et qu'il secoue les parties saisies, pénétrées par ses crocs. Toutefois, il est certain que les crochets sont les principaux instrumens avec lesquels le chien exécute la morsure; privé de ces dents, il mord avec bien moins de force et sans de grands dangers. C'est pour cette raison que les bergers cassent ou arrachent souvent les crocs de leurs chiens, afin de les mettre dans l'impuissance de faire des morsures graves aux bêtes à laine. L'on rencontre parfois des vieux chiens, dont les petits crochets supérieurs se courbent en arrière, et gênent les mouvemens de la mâchoire inférieure. Lorsque cette gêne est portée à un certain degré, il suffit de casser la dent qui est déviée, et les mâchoires reprennent de suite leur liberté.

*Éruption et usure des incisives ainsi que des
crocs.* Les pinces et les crochets de lait, si différens de ceux de remplacement, font leur évolution avant ou très-peu de jours après la naissance. Lorsque l'animal sort du ventre de sa mère sans avoir de dents hors des alvéoles, on observe que les incisives et les crocs de la mâchoire supérieure sortent, comme les dents de remplacement, un peu avant celles de la mâchoire inférieure. Ces incisives caduques, que l'on nomme vulgairement les *petites dents*, sont très-blanches, minces et pointues; elles poussent promptement, deviennent en peu de temps fleurdelisées, et ne tardent pas à se déchausser (*fig.* 7 *et* 8). Leur remplacement, qui commence à s'effectuer entre deux et trois mois, n'a pas lieu précisément à la même époque dans toutes les races de chiens. Cette mutation est en général plus hâtive dans les animaux de haute stature, tels que les mâtins, et elle se fait chez eux un à deux mois plus tôt que dans les individus de moyenne taille, comme les braques. Les grands chiens mâtins achèvent communément de prendre leurs dents d'adulte entre quatre et cinq mois, tandis que les chiens de chasse ne complètent leur denture que du septième au huitième mois. Les dents incisives ne

11

sortent pas de travers comme chez les herbivores;
elles se montrent au dehors par une pointe
tranchante, et sans se presser les unes contre les
autres; elles ne deviennent fleurdelisées qu'après
avoir acquis une certaine longueur; et la raison
de ce premier changement est trop simple, pour
qu'il soit nécessaire d'en donner l'explication.

Bien différemment de ce qui se passe dans
les herbivores, les animaux carnivores font leurs
dents incisives d'adulte bien avant l'entier développement de leur corps. Les dents fœtales du
chien ne subsistent que peu de temps, parce
que l'animal avait besoin de forts instrumens
pour pouvoir attaquer avec avantage différens
genres d'animaux, et se nourrir de leurs débris.
Les pinces d'adulte apparaissent toujours les
premières, et ne précèdent que de quelques jours
la sortie des mitoyennes; les coins font leur
éruption aux environs de cinq mois, et les
crochets de remplacement sortent en même
temps ou quelques jours avant eux. Toutes
ces dents conservent leur fraîcheur et leur
blancheur jusqu'à vingt mois à deux ans, époque
où les pinces ont déjà subi une certaine usure,
et où leur blancheur commence à se ternir.
Les premières traces d'altération, par suite du

frottement, se font toujours remarquer sur les
pinces de la mâchoire inférieure, et l'usure se
propage ensuite sur les mitoyennes de la même
mâchoire, et de celles-ci sur les pinces de la
mâchoire supérieure. Les crochets ne s'émoussent communément que lorsque les incisives sont
toutes plus ou moins endommagées.

Le rasement des dents incisives consiste,
comme nous l'avons déjà dit, dans l'effacement
de la fleur de lis; ce qui a lieu dès que le lobe
médian, ou la pointe de la dent, est usé, déprimé, et amené au niveau des deux lobes latéraux. Le rasement peut avancer ou retarder,
survenir en même temps sur plusieurs paires de
dents, suivant la nature des substances dont se
nourrit l'individu. Les chiens qui font un usage
presque continuel de viande, usent bien plus leurs
dents que ceux qui ne mangent que du pain ou
de la soupe. Le rasement des incisives suit aussi
la marche de leur éruption, et il est bien plus
hâtif dans les chiens mâtins que dans les chiens
braques. Rappelons également que l'animal, en
rongeant les os ou en tiraillant les débris cada-
vériques, se casse souvent les dents ou se les arrache; qu'enfin l'usure des incisives peut se faire
d'une manière irrégulière, avoir lieu principale-

ment sur le bord antérieur, et se propager sur la face externe de la dent. Ces diverses anomalies, malheureusement très-fréquentes, compliquent singulièrement la connaissance de l'âge par l'examen des dents ; elles sont telles parfois qu'il devient impossible de tirer de l'état des dents une induction sûre. Il n'est donc pas étonnant de lire dans plusieurs ouvrages, que les incisives du chien ne marquent que jusqu'à trois ans, et qu'après cette époque elles ne fournissent plus d'indices d'âge. Ce qu'il y a de certain, et que l'on ne doit pas perdre de vue, c'est que les chiens mâtins qui se nourrissent principalement de viande, marquent toujours plus d'âge qu'ils en ont réellement. Très-souvent, le mâtin de deux ans a les pinces et les mitoyennes comp'étement rasées, tandis que cette altération ne devrait se faire remarquer que de deux et demi à trois ans ; conséquemment l'animal avance de six à dix mois, et l'on peut en juger par la fraîcheur des crocs. Nous avons apprécié toutes les variations dépendantes d'usure insolite ou d'autres causes accidentelles, et nous avons reconnu que les dents portent encore, après le terme généralement assigné, des marques assez distinctes pour permettre de pousser la connaissance de l'âge au-delà de trois ans. Nous

observerons toutefois que les signes indicatifs de
l'année courante, sont moins sensibles et moins
constans que ceux qui ont tracé l'année précédente. Ainsi , les caractères de l'âge de trois ans,
par exemple, sont toujours plus prononcés, et se
rencontrent dans un plus grand nombre de sujets que ceux qui appartiennent à l'âge de quatre
ans : d'où il résulte que les difficultés se compliquent d'une année à l'autre, et ne permettent
plus, à certaines époques, de distinguer le nombre
des années.

Le rasement des pinces de la mâchoire supérieure ne s'effectue communément, qu'après
que les pinces et les mitoyennes inférieures ont
perdu leurs fleurs de lis ; ce qui arrive vers trois
ans.

Suivant l'ordre le plus ordinaire, les pinces
de la mâchoire inférieure parviennent au rasement, entre quinze à vingt-deux mois (*fig.* 10);
aux environs de seize mois pour les chiens de
haute taille, et de vingt à vingt-deux mois pour
les petits chiens.

De deux ans et demi à trois ans, les mitoyennes
inférieures éprouvent la même dépression et leur
bord tranchant est mis de niveau (*fig.* 11).

Les pinces de la mâchoire supérieure cessent d'être fleurdelisées et rasent entre trois et quatre ans ; plus tôt dans les mâtins que dans les chiens braques.

Le rasement des coins de la mâchoire inférieure s'opère quelque temps après celui des pinces précédentes, c'est-à-dire vers l'âge de quatre ans (*fig.* 12).

Lorsque l'usure procède régulièrement, les mitoyennes supérieures atteignent leur rasement entre quatre et cinq ans, en présentant la même variation par rapport à la stature des animaux. A cette époque, les incisives inférieures sont sales, noirâtres, plus ou moins détériorées ; assez ordinairement l'animal a des petites dents cassées ou de manque.

Après cinq ans, la connaissance de l'âge du chien par les dents devient incertaine, et ne peut plus être qu'approximative. Dans beaucoup de sujets, les coins supérieurs ou petits crochets commencent à s'émousser vers six ans; mais cette usure ne nous a pas paru assez constante pour être présentée comme un indice certain de cet âge. Nous dirons aussi que le rasement des mêmes coins, qui est toujours plus ou moins tardif, ne nous a pas fourni d'induction précise, et cette usure est réellement trop vague ou trop variable pour servir à la chronométrie de l'âge.

§ II. *Des Dents molaires.*

Chaque arcade dentaire du chien porte douze molaires, six à droite et six à gauche; l'on compte de plus, à la mâchoire inférieure, deux petites sur-molaires, implantées de chaque côté entre le crochet et la première avant-molaire. Ces molaires supplémentaires sont fleurdelisées, comme les incisives; elles ne subsistent qu'un certain temps, et leur chute est toujours le résultat d'une violence extérieure. Les avant-molaires, tant supérieures qu'inférieures, sont écartées les unes des autres et augmentent de grosseur depuis la première, toujours la plus petite, jusqu'à la troisième et dernière qui est la plus grosse. Leur table irrégulière présente dans le milieu une longue pointe pyramidale, favorablement disposée pour briser et déchirer les corps attirés dans la gueule. La première avant-molaire, dont la racine est unicuspide, manque souvent ou n'existe qu'en partie; son absence et sa casse sont toujours accidentelles, comme pour la petite sur-molaire. Les deux autres avant-molaires peuvent éprouver les mêmes altérations, être cassées ou arrachées; mais ces cas sont plus rares et plus difficiles à produire.

Les trois arrière-molaires de chaque branche des arcades dentaires sont des dents permanentes, qui n'affectent pas la même disposition dans les deux mâchoires. Ainsi, la première arrière-molaire supérieure est une grosse dent, dont la racine est à trois branches, dont le corps est alongé d'avant en arrière, et dont la table tubéreuse porte deux principales pointes. La seconde arrière-molaire, autre grosse dent, alongée d'un côté à l'autre, présente, comme la précédente, trois racines et fait saillie du côté de la voûte palatine. La dernière arrière-molaire supérieure, beaucoup plus petite que les deux premières, se rapproche de la précédente par la forme de sa table, ainsi que par sa racine qui est aussi bicuspide. Dans la mâchoire inférieure, la première arrière-molaire surpasse de beaucoup en volume les deux molaires suivantes. Cette grosse arrière-molaire, qui ressemble beaucoup à la dent correspondante de la mâchoire supérieure, frotte contre les deux premières arrière-molaires de la même mâchoire. La deuxième arrière-molaire inférieure présente beaucoup

d'analogie avec la dernière arrière-molaire supérieure. La dernière arrière-molaire inférieure
est une très-petite dent courte, qui éprouve néanmoins du frottement, et concourt par conséquent
à la mastication. En résumé, la table des trois
arrière-molaires de chaque côté des mâchoires
est plate et favorablement arrangée pour écraser
et broyer en quelque sorte les corps soumis à
l'action de ces dents; tandis que la table des
avant-molaires offre une succession de pointes,
propres à pénétrer et à déchirer les substances.

Les trois avant-molaires de lait ne diffèrent des
remplaçantes, dont nous venons de donner une
courte description, qu'en ce qu'elles sont plus
blanches et bien plus petites. Ces dents fœtales
tombent et sont remplacées à peu près en même
temps que les crochets. L'ordre d'après lequel
les molaires remplaçantes et permanentes font
leur éruption, ne peut contribuer à la connaissance de l'âge, en raison des difficultés, même
des dangers d'ouvrir la gueule d'animaux capables
de faire des morsures graves. Par le même mo-
tif, l'on a jusqu'à présent négligé les changemens
qui peuvent survenir aux molaires par suite du
frottement. Quoi qu'il en soit, voici l'ordre d'a-
près lequel toutes les molaires des chiens de haute

stature effectuent leur éruption. Les avant-molaires caduques précèdent ordinairement la naissance, ou bien elles se montrent hors des alvéoles
peu de jours après que l'animal est né. La première arrière-molaire sort à six semaines, et les
deux sur-molaires de la mâchoire inférieure font
leur éruption aux environs de deux mois. Les
deuxième et troisième avant-molaires remplacent
les caduques entre deux et trois mois, et la
deuxième arrière-molaire sort vers la même
époque. L'âge de trois à quatre mois est le temps
de la sortie de la première avant-molaire d'adulte;
enfin, la dernière arrière-molaire termine l'éruption dentaire et sort entre cinq à six mois. Comme
il a déjà été dit, les changemens dont il s'agit,
sont plus tardifs dans les chiens de petite taille,
qui ne complètent leur dentition que de huit à
neuf mois.

§ III. *Résumé de l'âge du chien.*

Les chiens naissent avec les yeux fermés, qu'ils
ouvrent du dixième au quinzième jour suivant
celui de la naissance; ils portent assez ordinairement toutes leurs dents de lait, et dans le cas
contraire, l'éruption de ces dents se complète en

peu de temps. Vers deux à quatre mois, les
pinces, et souvent les mitoyennes des deux mâchoires, tombent, et laissent la place libre aux
dents qui doivent les remplacer, et qui sont encore cachées par la gencive. A cinq ou huit mois,
ce qui varie suivant les races de chiens, l'animal a
toutes ses dents d'adulte, et sa *gueule* est *faite*,
terme vulgaire pour désigner la sortie de toutes
les dents adultes.

Age d'un an. Fraîcheur de toute la gueule ;—
les incisives et les crochets surtout sont blancs,
nets et intacts (*fig.* 9) ; — membrane de la bouche d'une couleur rosée ; — bout du nez effilé.

Age de quinze mois. Commencement d'usure
des pinces inférieures ;—fraîcheur soutenue de la
gueule ;— toujours blancheur parfaite des crocs
et des incisives.

Age de dix-huit mois à deux ans. Le rasement
des pinces inférieures se complète (*fig.* 10) ; —
commencement d'usure des mitoyennes inférieures.

Age de deux ans et demi à trois ans. Effacement de la fleur de lis aux mitoyennes inférieures (*fig.* 11); — les pinces supérieures éprouvent un commencement d'usure; — la gueule a
beaucoup perdu de sa fraîcheur ;—altération sen-

sible des incisives et des crocs, qui commencent
à devenir ternes, et n'ont plus la fraîcheur de
l'âge d'un an à quinze mois.

Age de trois et demi à quatre ans. Rasement
complet des pinces de la mâchoire supérieure.—
Les dents prennent une teinte d'un blanc sale;
—parfois les crocs commencent à jaunir.

Age de quatre à cinq ans. Rasement des mitoyennes de la mâchoire supérieure. — A cette
époque, les gros chiens auxquels on donne beaucoup de viande ou des os à ronger, ont les petites dents de devant, les pinces et les mitoyennes,
ternes et plus ou moins altérées.

Après cinq ans, l'inspection des dents ne four-
nit plus que des indices vagues et tellement variables, qu'il devient impossible de porter plus
loin la connaissance exacte de l'âge. L'on peut
seulement juger par l'état des quatre crochets et
des coins supérieurs, si l'animal est très-vieux, ou
s'il n'est pas très-éloigné de l'âge de cinq ans. Il est
d'observation générale qu'à partir de six ans, les
crochets ainsi que les coins supérieurs jaunissent,
s'émoussent, et s'usent par tous les points où ils
éprouvent du frottement. La couleur jaune qui
se manifeste d'abord à la base de la dent, se
montre chez certains sujets dès l'âge de quatre

ans. Le plus communément elle ne s'établit que lorsque l'animal a atteint sa cinquième année, et elle ne devient bien prononcée qu'après six ans. A cette dernière époque, les petits crocs supérieurs s'émoussent, et les petites incisives sont sales, noirâtres, détériorées; souvent même elles sont absentes. Quelques mois plus tard, les grands crochets s'émoussent, s'usent par les autres points de frottement, et leur dépression devient quelquefois très-prompte (1). Les altérations que nous venons de signaler vont toujours en augmentant et en se compliquant de plus en plus, mais elles ne se succèdent pas dans un ordre régulier, et elles ne fournissent dans tous les cas que des notions approximatives. La figure 13 de la planche IV peut donner une idée des détériorations des dents chez les vieux chiens.

A ces considérations sur les dents, nous ajouterons que les vieux chiens grisonnent autour du nez, des yeux et sur le front : au lieu d'être effilée, comme dans le jeune âge, leur tête grossit par le bout, et prend un aspect particulier qui

---

(1) Nous avons vu des chiens, que l'on nous a assuré n'avoir que huit à neuf ans, et dont les crocs étaient usés jusque tout près de la gencive.

annonce le grand âge. Aux environs de huit ans,
la pointe des jarrets se dégarnit de poils et se
couvre de callosités. Chez les vieux chiens, le
bout des doigts de devant grossit et s'arrondit;
les ongles, creux et plats, s'alongent et décrivent
un demi-cercle; très souvent la surface du dos
se dénude, devient écailleuse, ou bien elle se
couvre d'une sorte de gale, de roux-vieux, affection très-rebelle, à peu près incurable, et qui
fait toujours des progrès, nonobstant les remèdes
employés pour la combattre.

Article IV.

AGE DU PORC.

La connaissance de l'âge du cochon par l'inspection des dents offre peu d'utilité, nous le savons. Dans le commerce, l'on n'a que bien rarement recours aux dents pour juger si la bête est jeune ou vieille; l'on ne peut d'ailleurs procéder à l'examen de ces parties qu'après avoir couché l'animal par terre, et lui avoir assujéti la tête au moyen d'un bâton passé dans la gueule, comme dans le cas où il s'agit de langueyer. Ces considérations n'ont pas dû nous arrêter. Le porc est un animal domestique très-répandu, et duquel il se fait un commerce considérable : il peut conséquemment donner lieu à des contestations judiciaires, et réclamer l'intervention d'un vétérinaire, qui, en dressant soit procès-verbal, soit rapport, est obligé d'indiquer l'âge de l'animal. Nous ajouterons que tous les porcs ne sont pas abattus à l'âge de deux à trois ans;

plusieurs, tant mâles que femelles, sont conservés bien plus long-temps pour la reproduction, et l'on a souvent besoin de s'assurer de l'âge de ces animaux.

Outre les applications qu'elle peut présenter, la connaissance de l'âge du cochon intéresse comme objet scientifique, et elle devait trouver place dans un ouvrage spécialement consacré aux quadrupèdes domestiques. Dans son mémoire sur l'éducation du porc, mémoire couronné par la Société royale et centrale d'agriculture, M. Érick-Viborg, chef de l'école vétérinaire de Copenhague, n'a pas omis l'âge de l'animal qui a fait le sujet de ses considérations; il lui a même consacré un article assez étendu, qui a le mérite de réunir l'exactitude à la précision.

Lorsque le cochon a tout mis et qu'il n'a pas perdu de dents, chacune de ses mâchoires porte six incisives, deux crochets et quatorze molaires, distribuées régulièrement à droite et à gauche. Seize de ces dents sont caduques et font place à d'autres, non susceptibles d'être renouvelées, et ces dents caduques sont les mêmes que dans le chien.

§. Ier *Des Incisives et des Crochets.*

A. Les incisives de la mâchoire supérieure n'out ni la même forme, ni la même grandeur que celles de la mâchoire inférieure, et les premières semblent remplir des fonctions distinctes. Quatre des incisives d'en haut, les pinces et les mitoyennes, présentent la même conformation, et sont enchâssées l'une contre l'autre; tandis que les coins, bien différens, sont écartés des mitoyennes, et semblent n'être que des sur-dents isolées, très – peu utiles à l'animal. Les quatre premières, courtes, épaisses et courbées en arrière du côté de la cavité de la gueule, ne diffèrent entre elles qu'en ce que les pinces sont plus fortes que les mitoyennes. Leur face externe, qui, dans les premiers temps, est noirâtre, striée et comme chagrinée, prend insensiblement de la blancheur et du poli. Leur table disposée sur un plan oblique, présente, comme dans le cheval, un cornet ou cavité dont le fond est noir et dont les bords sont inégaux, l'externe étant plus élevé que l'interne légèrement échancré. L'usure progressive déprime les bords, détruit la cavité et produit ainsi le rasement de la dent. La racine de ces mêmes incisives est

12

pyramidale et pourvue d'une cavité intérieure, qui offre les mêmes changemens que dans les monodactyles.

Chaque coin supérieur, étant en quelque sorte hors de rang, réside dans le milieu de l'espace compris entre la mitoyenne et le crochet, et se présente sous la forme d'une dent courte, droite, fleurdelisée. Cette sur-incisive, dont la racine est simple et plus longue que le corps, a beaucoup d'analogie avec la petite molaire supplémentaire de la mâchoire inférieure. De même que cette dernière, elle n'a pas d'usage connu, elle éprouve les mêmes accidens d'être arrachée ou brisée, il est même rare qu'elle subsiste longtemps.

Les incisives caduques de la mâchoire supérieure diffèrent de celles de remplacement, dont nous venons de parler, non seulement parce qu'elles sont plus petites et presque rondes, mais encore par la position de la sur-incissive, qui se trouve plus rapprochée du crochet, au point même de gêner le passage du crochet supérieur. Cette gêne peut parfois empécher le jeune animal de manger, et elle peut même le faire maigrir; il convient alors d'arracher l'incisive, ce qui s'exécute avec facilité et sans inconvéniens.

Les six incisives de la mâchoire inférieure sont implantées l'une contre l'autre, et dirigées en avant et en haut; les pinces et les mitoyennes se touchent, mais les premières débordent et dépassent un peu ; les coins ne posent pas contre les mitoyennes, ils en sont un peu écartés. Ces dents bien différentes de celles de la mâchoire supérieure, sont alongées, arrondies, et presque droites, elles constituent dans leur ensemble une véritable pince, prolongée en avant et préposée à soulever les corps, à les attaquer de différentes manières. Vers l'âge de deux à trois ans, les incisives inférieures sont noires et sans poli à leur extérieur, mais elles blanchissent par suite et deviennent parfaitement unies. Ces dents n'ont précisément pas de table; leur extrémité irrégulièrement arrondie, laisse cependant distinguer un bord antérieur peu prononcé, et une sorte d'avale. Celle-ci n'est pas circonscrite par un rebord, comme dans le bœuf et dans le chien, elle porte néanmoins deux cannelures longitudinales bien dessinées.

Les coins inférieurs ont une conformation analogue à celle des pinces et des mitoyennes, mais ces dents, bien plus courtes et bien moins grosses, ne constituent, comme à la mâchoire d'en haut, que des sortes d'avortons, que des sur-incisives, isolées, placées en arrière des mitoyennes et en avant des crochets.

B. Les crochets, vulgairement les crocs, les la-nières, les défenses, sont de grandes et longues dents contournées en dedans et en dehors, et qui résident, comme dans le chien, entre le coin et la première molaire de chaque côté des arcades. Ces quatre dents dont l'animal se sert avantageusement, soit pour attaquer, soit pour se défendre, croissent pendant toute la vie, et diffèrent suivant la mâchoire à laquelle elles appartiennent. Ainsi, les crocs dépendant de la mâchoire supérieure d'un cochon adulte, sont plus gros, mais bien moins longs que ceux de la mâchoire opposée. Étant retiré de l'alvéole, chaque croc supérieur représente une très-grosse dent, un peu pyramidale, dont la base est à l'extrémité de la racine, et qui est courbée de dedans en dehors dans toute sa longueur. La lanière supérieure frotte et s'use par sa face antérieure contre le crochet de la mâchoire inférieure; à mesure qu'elle grossit et qu'elle s'alonge, elle se contourne en dehors, soulève la lèvre, finit par la déborder, et par se montrer au dehors de la gueule. Dans les jeunes sujets, l'extrémité de la même lanière porte un cercle noir, qui disparaît au bout d'un certain temps, mais à des époques variables. Sa face interne présente des cannelures longitudinales, superficielles, et dont les bords rendent cette surface inégale.

Les deux crocs de la mâchoire inférieure acquièrent avec l'âge une longueur prodigieuse, surtout dans les mâles, qui n'ont pas été mutilés; ils croisent les crochets inférieurs en passant par devant. Au fur et à mesure qu'ils grandissent, ils se courbent en arrière et en dehors, et comme leur croissance est continuelle, ils finissent par se contourner en spirale, par gêner, même annuler les mouvemens des mâchoires. Ces croissances insolites, si fâcheuses pour les sangliers, se font remarquer dans les vieux verrats, et nécessitent le retranchement des crocs entrecroisés et embarrassés les uns dans les autres, retranchement que l'on effectue soit en limant les dents, soit en les cassant d'une manière quelconque.

Les crochets caduques ou de lait sont en général très-petits, comparativement à ceux de remplacement, pris dans l'animal adulte ou mieux à l'âge de trois ans.

Éruption et usure des incisives et des crocs. A sa naissance, le cochonnet porte ordinairement les coins et les crochets des deux mâchoires, et il est pourvu de toutes ses dents de lait vers trois à quatre mois.

A l'âge de six mois, les coins de la mâchoire inférieure tombent, et les coins de remplacement sortent au bout de quelques jours. A cette époque, les pinces et les mitoyennes sont un peu usées par le bout.

Vers dix mois, la sur-incisive de la mâchoire supérieure fait place à la dent d'adulte, et sa chute est suivie ou accompagnée de celle de la sur-incisive inférieure (1).

A l'âge de huit à onze mois, les crochets de lait sont expulsés par ceux d'adulte, beaucoup plus forts, et qui peuvent acquérir une grandeur considérable.

Dans le cours de vingt mois à deux ans, les

(1) L'éruption précoce des coins, tant d'en haut que d'en bas, peut paraître extraordinaire; elle semble former, au premier abord, une sorte d'anomalie, puisque ces mêmes dents chez les herbivores et les carnivores ne sortent qu'après les pinces et les mitoyennes. Cette singularité dépend incontestablement de ce que les coins du cochon ne sont que des sur-dents fort peu importantes, et qui, étant isolées des mitoyennes, jouissent d'une vitalité toute particulière, indépendante, se développent et croissent sans être gênées par les dents voisines.

pinces des deux mâchoires tombent et sont remplacées par les pinces d'adulte.

De deux ans et demi à trois ans, les mitoyennes tant d'en haut que d'en bas, subissent les mêmes changemens, et le cochon prend ses dernières incisives d'adulte. On dit alors que l'animal a tout mis et qu'il a la gueule faite.

Toutes les incisives et les crocs inférieurs s'émoussent et s'usent par le bout de leur partie libre ; les lanières éprouvent aussi une perte de substance par leurs faces de frottement contre les crochets supérieurs. L'usure des pinces et des mitoyennes de la mâchoire d'en haut détermine à une certaine époque, l'effacement de leur cavité et produit leur rasement. Ces diverses altérations, qui se compliquent de chute, de casse de quelques dents, surtout des coins, n'ont pas jusqu'à présent fourni d'indices d'âge. Il n'est pas douteux qu'en les étudiant avec soin sur un grand nombre de sujets, on ne parvienne à en tirer des inductions utiles ; nous laissons à d'autres le soin de poursuivre ces sortes de recherches, que les circonstances ne nous ont pas permis de faire.

§ II. *Des molaires.*

Les molaires du porc, au nombre de sept de chaque côté des arcades dentaires, augmentent insensiblement de grosseur, depuis la première jusqu'à la dernière, toujours la plus grosse, et dont le corps est à triple couronne. La première de ces dents est la sur-molaire ou molaire supplémentaire, non susceptible de renouvellement et qui ne subsiste que jusqu'à un certain âge. La sur-molaire inférieure, moins grosse que celle de la mâchoire supérieure, est analogue à la sur-incisive de cette dernière mâchoire ; elle porte, comme elle, une fleur de lis et se trouve isolée entre le crochet et la première avant-molaire. La supplémentaire de l'arcade supérieure touche la molaire voisine et semble concourir avec elle à la mastication. Les trois avant-molaires inférieures sont déprimées latéralement, leur table porte une lame, alongée d'avant en arrière, et divisée en plusieurs pointes inégales.

Les arrière-molaires beaucoup plus grosses que les avant-molaires, ont des tables aplaties et garnies de pointes irrégulières. Les six mo-

laires supérieures, plus grosses que les inférieures,
ont entre elles la même conformation générale,
et leur table ressemble à celle des trois arrière-
molaires inférieures. Les dispositions que nous
venons d'indiquer, rendent les mâchelières du
porc propres à déchirer, à écraser et à broyer
les substances attirées dans la gueule et soumises
à la mastication.

Le goret porte en naissant quatre avant-molaires, deux à droite et deux à gauche de chaque
arcade dentaire; et il se trouve pourvu de toutes
ses molaires caduques vers l'âge de trois mois.
Selon M. Viborg, l'éruption des sur-molaires
s'effectue à cinq mois et demi ou six mois, et la
sortie de la première arrière-mâchelière a lieu à
la même époque. La deuxième arrière-molaire
fait son évolution aux environs de dix mois, et
la dernière arrière-molaire ne sort ordinairement
qu'à l'âge de trois ans. Le remplacement de la
deuxième avant-molaire caduque s'opère en
même temps et a lieu vers quinze à dix-huit
mois. La première avant-molaire caduque persiste plus longtemps, et elle ne livre sa place à la
dent d'adulte qu'à deux ans passés.

§ III. *Résumé de l'âge du cochon.*

La connaissance de l'âge du porc par l'inspection des dents, n'a pas encore été poussée au-delà de trois ans, et elle s'arrête à l'éruption des mitoyennes d'adulte de la mâchoire inférieure. Nous avons vu qu'à trois ou quatre mois, le cochonnet est pourvu de toutes ses dents incisives fœtales, ainsi que de ses crochets caduques; et le remplacement successif de ces dents est la seule base, d'après laquelle on distingue l'âge de l'animal

Age de six à dix mois. Chute et remplacement des coins de lait;—le changement des coins d'en haut précède de deux à trois mois celui des coins inférieurs; — les crocs de lait font place à ceux d'adulte.

Age de vingt mois à deux ans. Remplacement des pinces caduques dans les deux mâchoires;—formation d'un cercle noir à la base des crocs.

Age de deux et demi à trois ans. Eruption des mitoyennes d'adulte, tant supérieures qu'inférieures; — les pinces sont noirâtres, chagrinées et un peu usées par le bout.

Le tableau qui précède, est court, puisqu'il

n'embrasse même pas toute la durée de la croissance du cochon, car il y a des races de porcs ;
qui, à l'âge de trois ans, continuent à prendre
de la taille et du corps. Ce tableau ne peut être
d'ailleurs d'une grande utilité dans le cours
du commerce, puisque les animaux dont il s'a-
git, ne rendent aucuns services pendant leur vie,
et qu'ils sont presque tous abattus entre deux
et trois ans. Ajoutons que l'âge des jeunes porcs
est à peu près indifférent, et qu'on ne s'attache en
général qu'au développement du corps. L'âge
des individus que l'on conserve au-delà de trois
ans, s'apprécie par l'état des crocs, dont la croissance étant continuelle pourrait jusqu'à un certain point, marquer les différens degrés de la vie
à partir de trois ans. Ainsi, les crocs supérieurs
d'un cochon entier de trois à quatre ans, soulèvent
la lèvre d'en haut; et ils la débordent, lorsque l'a-
nimal est près d'atteindre sa cinquième année.
Aux environs de six ans, les crocs de la mâchoire
inférieure se montrent hors de la gueule et commencent à se contourner en spirale; c'est aussi
à cet âge que le tour des yeux se charge de
rides, les éminences latérales du chanfrein, produites par les racines des crocs supérieurs, deviennent saillantes. Après sept ans, le pour-

tour des yeux grisonne, les arcades surcilières
sont d'autant plus proéminentes que les yeux deviennent plus caves et plus enfoncés. Ces altérations de la face, qui vont toujours en augmentant, concourent avec la longueur des défenses et
la grosseur du boutoir, à donner à la tête de
l'animal un aspect hideux, qui inspire l'effroi et
annonce un âge déjà avancé.

FIN.

EXPLICATION DES PLANCHES.

PLANCHE Ire.

Les dix bouts de mâchoires inférieures indiquent les principales époques de l'âge du cheval, depuis la naissance jusqu'à huit ans.

Les six dents, gravées à part, font voir la forme extérieure des incisives, ainsi que leur organisation intérieure.

Fig. 1. Mâchoire de poulain nouvellement né : les pinces ont achevé leur éruption, et sont encore un peu de travers.

Fig. 2. Dans cette mâchoire de six à sept mois, les pinces ont déjà éprouvé une certaine usure, et le bord interne des mitoyennes arrive au niveau du bord externe.

Fig. 3. Cette figure indique un poulain d'un an révolu : les coins, sortis depuis deux ou trois mois, arrivent presque au niveau des mitoyennes; mais ils n'offrent pas encore de traces d'usure.

Fig. 4. Poulain de deux ans faits : les pinces et les mitoyennes sont complétement rasées, et le bord interne des coins est presque au niveau du bord externe.

Fig. 5. Bout de mâchoire d'un poulain âgé de trente mois à trois ans : les pinces sont sorties depuis peu de temps, et leur bord externe commence à éprouver de l'altération. L'usure des mitoyennes caduques met à découvert le fond du cornet.

Fig. 6. L'état de ce bout de mâchoire marque quatre ans et demi : les mitoyennes de remplacement, nouvellement sorties, sont encore vierges, et n'ont pas atteint le niveau des pinces. Le bord interne de ces dernières est toujours intact et plus bas que l'externe. Les coins caduques, fort usés, ne présentent plus que l'extrémité du cornet.

Fig. 7. Cheval venant de prendre cinq ans : les coins, sortis depuis peu, sont frais et intacts; les pinces commencent à raser; le bord externe des mitoyennes a subi une certaine usure; mais l'interne échancré, est encore intact et plus bas que l'externe.

Fig. 8. Cette figure annonce l'âge d'un cheval de six ans; les pinces sont rasées, les mitoyennes prêtes à le devenir; mais le bord interne des coins est toujours intact et encore un peu échancré.

Fig. 9. Mâchoire, dont les incisives marquent l'âge de sept ans révolus : les pinces et les mitoyennes ont achevé leur rasement, le bord interne des coins est arrivé, par l'effet de l'usure, au niveau du bord externe.

Fig. 10. Dans cette mâchoire de huit ans, toutes les dents sont rasées, les pinces commencent à prendre une forme ovale; le restant du cornet dentaire se trouve proche du bord postérieur de la table.

Fig. 11. Dent de poulain, vue par sa face postérieure; *a*, ouverture de la cavité de la table; *b*, ouverture de la cavité intérieure ou radicale.

Fig. 12. Autre dent de poulain, vue par sa face antérieure, et dans laquelle on distingue le corps de la dent *a*, le collet *b*, et la racine *c*.

Fig. 13. Dent de très-jeune poulain, dont l'émail d'encadrement, coupé suivant sa longueur, laisse voir l'émail central.

Fig. 14. Dent incisive d'adulte, partagée en deux parties, suivant sa longueur, et qui montre la cavité extérieure *a* et la cavité intérieure *bc*.

Fig. 15. Dent incisive d'adulte: une entaille, pratiquée sur le milieu de sa face antérieure, laisse à découvert la partie inférieure du cornet dentaire *a*.

Fig. 16. Autre dent incisive d'adulte, sciée dans le même sens que celle représentée *fig.* 14; *a*, cavité extérieure; *b*, extrémité inférieure du cul-de-sac du cornet dentaire.

Les neuf premières figures de cette planche ont pour
but l'indication du nombre des années du cheval, à
partir de huit ans; et les coupes de la dent, re-
présentées *fig.* 10, donnent l'idée des marques produites successivement par l'usure sur la table dentaire.

Fig. 1. Cette mâchoire avait appartenu à un cheval
qui avait huit ans révolus; toutes les incisives sont
rasées, et l'étoile radicale devrait déjà paraître à la
table des pinces, sous la forme d'une petite zone
transversale, située en avant du cornet et tout près
du bord antérieur de la dent.

Fig. 2. Bout de mâchoire de neuf ans : les pinces
sont arrondies, et les mitoyennes commencent à
prendre cette forme; le restant du cornet de ces
quatre dents est rond et se trouve tout près du bord
postérieur. Ces mêmes dents portent l'étoile radicale, qui est plus prononcée dans les pinces.

Fig. 3. Mâchoire de dix ans : il n'y a plus qu'un rudi-
ment de cornet dentaire dans les pinces comme
dans les mitoyennes, et le restant d'émail central
touche le bord postérieur de la table. Les pinces et
les mitoyennes sont arrondies, et les coins présentent une forme ovalaire.

Fig. 4. Par l'état des dents de cette mâchoire, le che-

val avait atteint sa onzième année : toutes les incisives sont arrondies, et ne portent plus qu'un rudi-
ment d'émail central, qui touche le bord postérieur
de la table. L'étoile radicale se montre à toutes ces
dents, et le restant du cornet dentaire est plus petit
dans les pinces que dans les mitoyennes et les
coins.

Fig. 5. Dans cette mâchoire, qui marque douze ans,
les pinces n'offrent plus d'émail central, et leur
étoile radicale est arrondie.

Fig. 6. Age de treize ans révolus : les pinces deviennent triangulaires, les mitoyennes prennent aussi
cette forme, et les coins sont encore arrondis. L'é-
toile radicale s'arrondit dans ces quatre dernières
dents, et se trouve au milieu de la table. Les crochets
sont très-usés. L'âge de treize ans est encore indiqué
par la disparition de l'émail central aux coins de la
mâchoire supérieure.

Fig. 7. Le cheval auquel a appartenu cette mâchoire,
pouvait avoir quatorze ans : les pinces sont triangulaires, et les mitoyennes le deviennent. Les crochets sont encore plus usés que dans la figure précédente.

Fig. 8. Mâchoire de quinze ans révolus : les pinces
et les mitoyennes ont atteint l'époque de la triangularité, et l'étoile radicale forme sur toutes les tables un point arrondi.

Fig. 9. Dents indiquant de quinze à seize ans. Trian-

13

gularité de toutes les incisives, et les pinces commencent à se déprimer sur les côtés. Les crochets sont plus émoussés que dans les précédentes mâchoires.

Fig. 10. Cinq coupes transversales d'une incisive d'adulte : les trois premiers morceaux, *a*, *b*, *c*, portent le cornet; et les deux dernières coupes, *d, e*, montrent l'étoile radicale.

PLANCHE III.

Toutes les figures de cette planche sont destinées à l'âge du bœuf. Les trois premières donnent une idée de la forme des dents incisives, examinées en particulier et hors des alvéoles; les neuf autres figures indiquent diverses époques de la vie de l'animal.

Fig. 1. Une dent de veau, vue par sa face antérieure, et dans laquelle on distingue le corps *a* et la racine *b*.

Fig. 2. Dent d'adulte, intacte et vue sur la même face que la précédente; *a*, corps ou partie libre; *b*, la racine ou la partie enchâssée.

Fig. 3. Autre dent de bœuf, également intacte et représentée par sa face postérieure; l'on remarque, 1° l'avale et ses deux cannelures *aa*, 2° la racine *b*, qui est creuse.

Fig. 4. Mâchoire d'un jeune veau, dont les incisives sont au rond et n'ont subi aucune usure. Les quatre

incisives latérales de droite et de gauche sont courbées de côté et en-dehors, de manière que l'arcade
incisive se trouve partagée en deux parties latérales,
symétriques et écartées l'une de l'autre.

Fig. 5. Cette mâchoire provient d'un veau de ferme,
dans lequel toutes les incisives fœtales sont usées,
déjà étoilées, et écartées les unes des autres. Le
jeune animal avait plus d'un an d'âge.

Fig. 6. Mâchoire d'un animal, qui a jeté ses deux premières dents d'adulte et compte deux ans. Comparativement à ces dernières, les six dents caduques
restantes sont très-petites et semblent n'être que
des tronçons.

Fig. 7. Cette mâchoire, pourvue de quatre dents d'a-
dulte, indique l'âge de trois ans. Les quatre dents
fœtales sont encore plus détériorées que celles de la
figure précédente.

Fig. 8. Cette mâchoire porte six dents d'adulte, et
marque conséquemment l'âge de quatre ans révolus, parce que les dernières mitoyennes ont déjà
acquis une certaine longueur.

Fig. 9. Cette mâchoire, débarrassée de toutes dents
caduques, annonce cinq ans révolus, et indique
l'approche du rond.

Fig. 10. Age de cinq ans révolus; quoique les pinces
soient peu usées, la hauteur des coins fait présumer
six ans.

Fig. 11. Mâchoire dont les dents sont très-usées, toutes

nivelées et écartées les unes des autres ; ces dents
sont parvenues au ras.

Fig. 12. Cette mâchoire indique un âge très-avancé,
de dix-sept à dix-huit ans. Les dents usées jusqu'au-
delà du collet, ne forment plus que des chicots bran-
lans, jaunes, et très-écartés les uns des autres.

PLANCHE IV.

Les six premières figures sont consacrées à l'âge du
mouton, depuis sa naissance jusqu'à cinq ans révolus.

Les sept autres figures ont pour but de faire connaître
les principaux changemens, qu'éprouvent les dents
du chien, comme aussi d'indiquer les différentes
marques d'âge.

Fig. 1. Bout de mâchoire d'un agneau, qui a tout mis,
et dont l'arcade incisive est au rond.

Fig. 2. Les pinces d'adulte, qui sont les premières
dents larges, ont fait leur évolution, et elles indiquent
l'âge de dix-huit mois.

Fig. 3. Age de trente mois, marqué par la présence de
quatre larges dents ou incisives d'adulte. Les quatre
dents de lait restantes sont très-déprimées et vacillantes.

Fig. 4. Cette mâchoire, portant six dents d'adulte,
devient le cachet de l'âge de quatre ans.

Fig. 5. L'animal qui a tout mis, et dont les incisives
sont presque au rond, compte cinq ans révolus.

Fig. 6. Rasement de toutes les dents incisives; cette mâchoire, qui dénote un âge avancé, offre un exemple de *queue d'hirondelle*, que l'on remarque entre les deux pinces.

Fig. 7. Mâchoires d'un très-jeune chien, qui portent toutes leurs dents caduques (les incisives et les crochets). L'animal pouvait avoir l'âge de deux à trois mois.

Fig. 8. Autres mâchoires, pourvues également des incisives et crochets caduques. Toutes les incisives sont déviées, plus ou moins altérées, et prêtes à tomber : les crochets ne tiennent presque plus. Le chien auquel appartenait ces mâchoires, était âgé de trois mois révolus.

Fig. 9. Mâchoires armées des incisives et crochets de remplacement, qui sont intacts et n'ont encore éprouvé aucune usure. Ces mâchoires indiquent l'âge de dix mois à un an.

Fig. 10. Age de quinze à dix-huit mois, annoncé par le rasement des deux pinces de la mâchoire inférieure. Les autres incisives sont fraîches; les crochets surtout sont nets et blancs.

Fig. 11. L'usure complète des pinces et des mitoyennes de la mâchoire inférieure marque l'âge de deux ans et demi.

Fig. 12. Ces bouts de mâchoires indiquent l'âge de trois à quatre ans.

Fig. 13. Ces mâchoires appartenaient à un chien, qui

avait dépassé sa sixième année. Toutes les dents sont altérées, plus ou moins détériorées, et les pinces inférieures ne tiennent presque plus.

Observation particulière. L'on pourra être étonné de ne pas trouver ici de mâchoires de porc, puisque nous avons traité de l'âge de ce quadrupède. Nous avions bien l'intention de ne pas laisser subsister cette lacune, et nous avions préparé les pièces anatomiques nécessaires pour les dessins et les gravures, relatifs à l'âge du cochon. Après calculs et dimensions prises, il nous a été démontré que l'on ne pouvait insérer que trois figures dans une planche. Trois figures étaient incomplètes et à peu près inutiles; il eût fallu ajouter au moins deux planches, afin d'avoir six figures. Cette augmentation entraînait un surcroît de dépenses, et conséquemment une hausse dans le prix de l'ouvrage. D'un autre côté, l'âge du porc n'est pas assez important pour que nous nous soyons décidé à lui sacrifier deux planches; tandis qu'une seule est consacrée au bœuf, et que les figures concernant le mouton et le chien n'en occupent qu'une.

TABLE

DES MATIÈRES.

—

DEUXIÈME PARTIE.

FIN DE LA TABLE DES MATIÈRES.

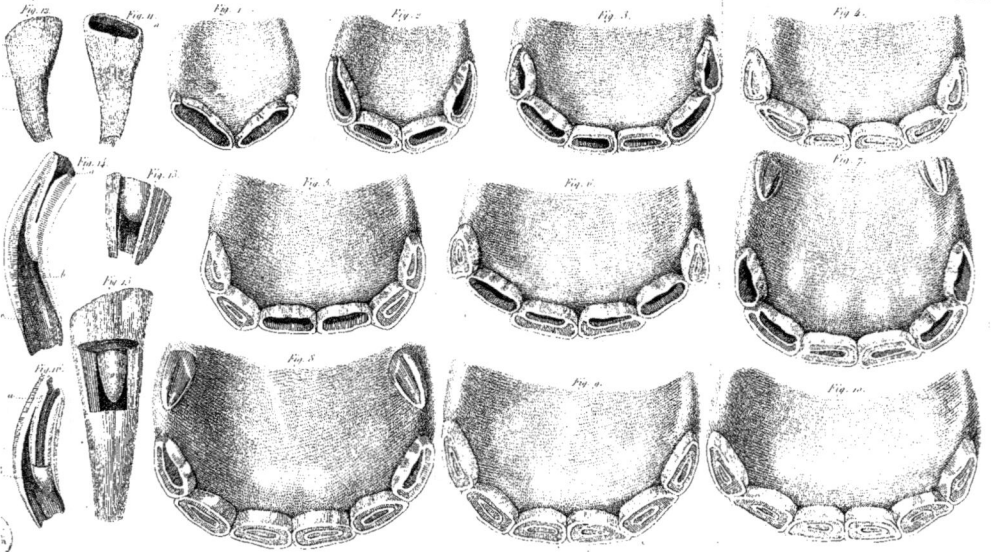

Pl. 1.

Fig. 12. Fig. 11. Fig. 1. Fig. 2. Fig. 3. Fig. 4.

Fig. 14. Fig. 13. Fig. 5. Fig. 6. Fig. 7.

Fig. 15.

Fig. 16. Fig. 8. Fig. 9. Fig. 10.

Peint d'après nature par Rigot Professeur à l'École Vétérinaire d'Alfort.

Gravé par Rigot.

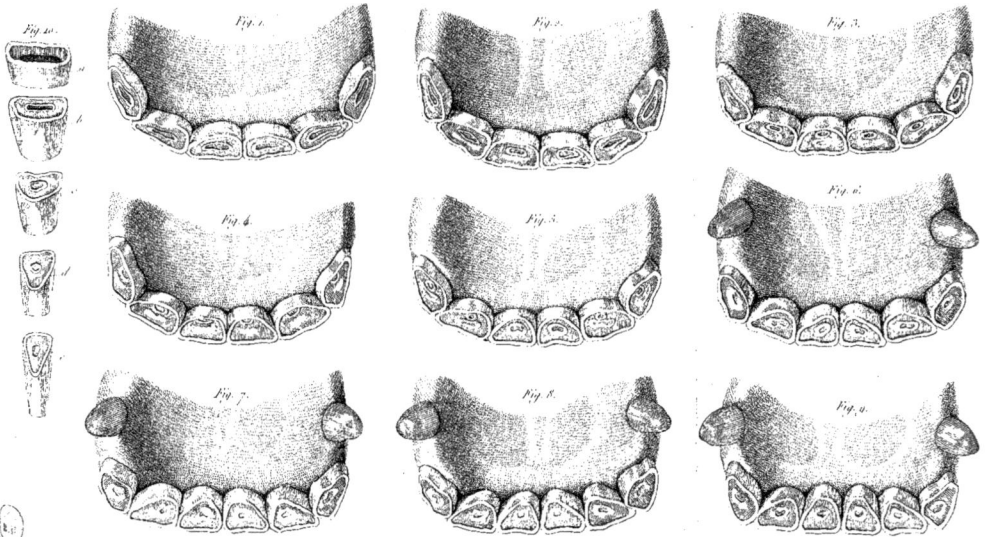

Fig. 10.

Fig. 1. Fig. 2. Fig. 3.

Fig. 4. Fig. 5. Fig. 6.

Fig. 7. Fig. 8. Fig. 9.

Dessiné d'après nature par Rigot Professeur à l'École Vétérinaire d'Alfort.

Gravé par Rigot.

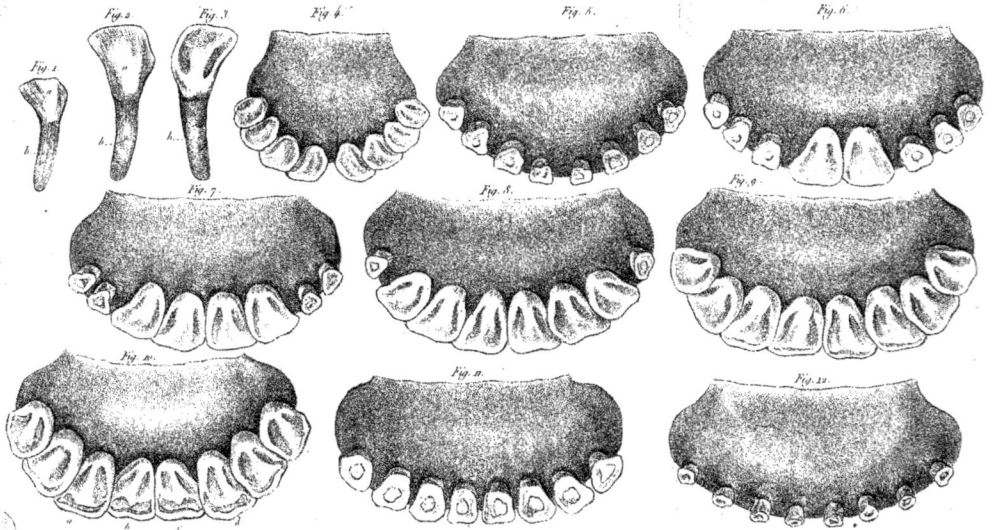

Fig. 1. Fig. 2. Fig. 3. Fig. 4. Fig. 5. Fig. 6.
Fig. 7. Fig. 8. Fig. 9.
Fig. 10. Fig. 11. Fig. 12.

Dessiné d'après nature par Ripot Professeur à l'École Vétérinaire d'Alfort.

Gravé par Laurent.

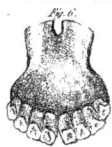

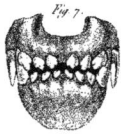

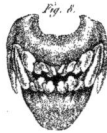

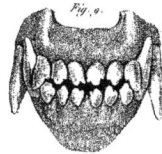

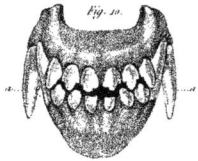

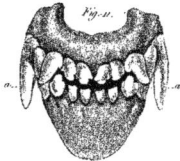

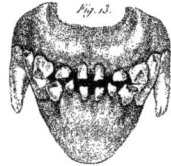

Fig. 1. Fig. 2. Fig. 3. Fig. 4. Fig. 5. Fig. 6.

Fig. 7. Fig. 8. Fig. 9.

Fig. 10. Fig. 11. Fig. 12. Fig. 13.

Dessiné d'après nature par Rigot Professeur à l'Ecole Vétérinaire d'Alfort.　　　　　　　　　　　Gravé par Tessaert.

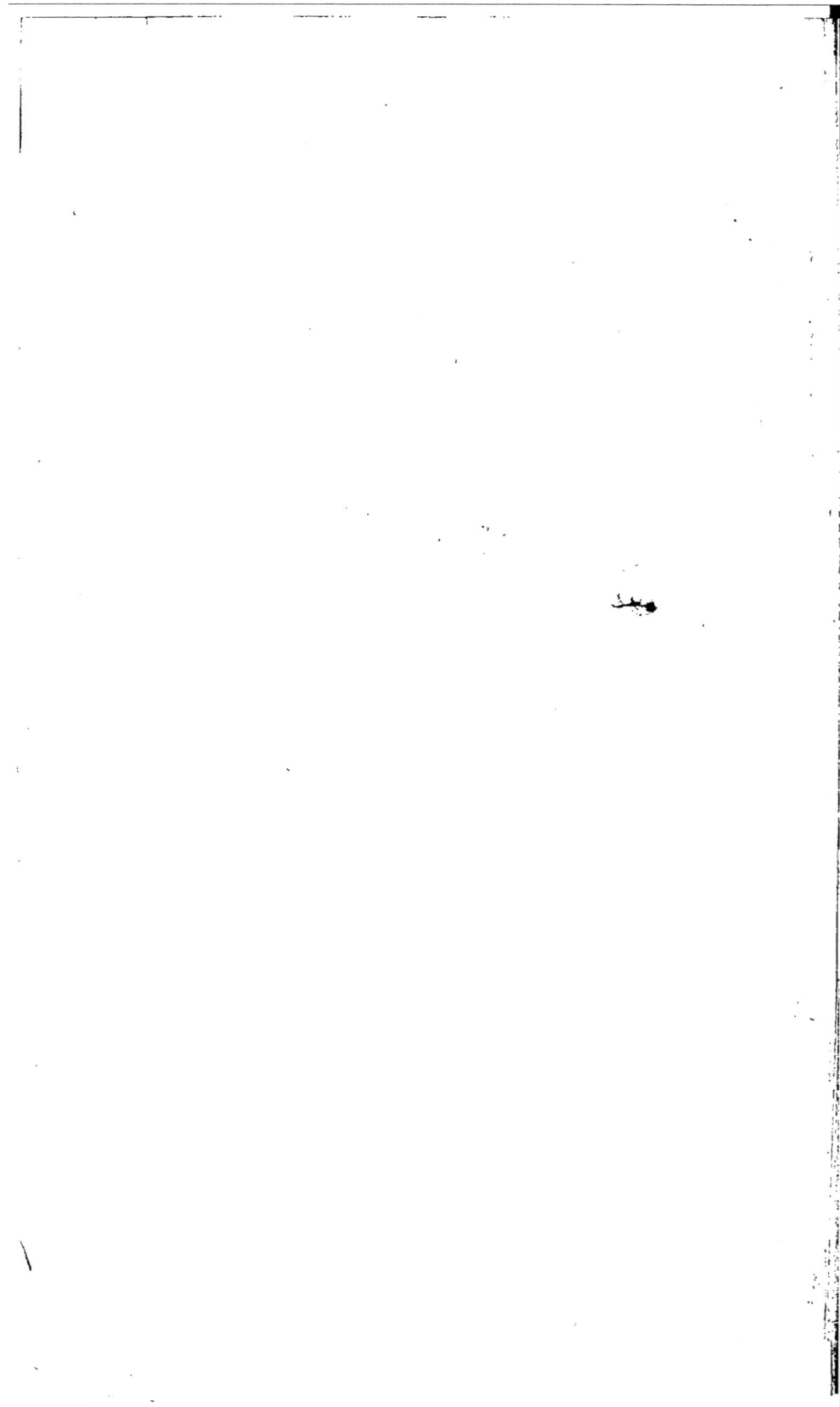

OUVRAGES

ADOPTÉS POUR LES ÉCOLES ROYALES VÉTÉRINAIRES DE FRANCE.

ABRÉGÉ ÉLÉMENTAIRE DE CHIMIE , considérée comme science accessoire à l'étude de la médecine , de la pharmacie et de l'histoire naturelle; par J.-L. LASSAIGNE, professeur de chimie à l'École royale vétérinaire d'Alfort, membre de la Société de Chimie et de Pharmacie de Paris, etc. , etc. 2 vol. in-8. accompagnés d'un atlas de 7 grandes planches réprésentant les principaux appareils de chimie, et de 15 tableaux synoptiques où sont figurés avec leurs couleurs naturelles, les précipités formés par les réactifs dans les solutions des sels métalliques employés dans la médecine. *Paris* , 1829. br. 16 fr.

ÉLÉMENS D'ANATOMIE GÉNÉRALE , ou Description de tous les genres d'organes qui composent le genre humain ; par M. BÉCLARD , professeur d'anatomie à la Faculté de médecine de Paris , chirurgien en chef de l'hôpital de la Pitié , membre titulaire de l'académie royale de médecine , etc. 1 volume in-8. de plus de 600 pages , 2me édition accompagnée d'une notice historique sur la vie et les travaux de l'auteur par M. le docteur OLLIVIER d'Angers , ornée d'un petit portrait gravé d'après le buste de David , *Paris* , 1827. 9 fr.

ÉLÉMENS (Nouv.) de PHYSIOLOGIE; par MM. le baron RICHE-RAND , chirurgien en chef de l'hôpital St.-Louis, professeur d'opérations de chirurgie à la Faculté de médecine de Paris , BÉRARD professeur de physiologie à la même Faculté , et chirurgien en chef de l'hôpital St.-Antoine. Dixième édition, entièrement refondue et augmenté d'un volume. *Paris* , 1833. 3 vol. in-8. 20 fr.

ÉLÉMENS de BOTANIQUE médicale et hygiénique à l'usage des Élèves vétérinaires; par F. J.-J. RIGOT , chef des travaux anatomiques à l'École vétérinaire d'Alfort, *Paris* , 1831 , 1 vol. in-8. br. 4 fr.

TRAITÉ ÉLÉMENTAIRE de matière médicale vétérinaire, suiv. d'un formulaire pharmaceutique raisonné, etc. par M. MOIROUD , directeur de l'École royale vétérinaire de Toulouse. 1 fort volume in-8. *Paris* , 1831. 8 fr.

TRAITÉ RAISONNÉ du JAVART cartilagineux, par M. RENAULT , professeur à l'École royale vétérinaire d'Alfort, etc. 1 volume in-8. fig. *Paris* , 1831. 3 fr. 50 c.

TRAITE des ARTICULATIONS du CHEVAL; par F. J.-J. RIGOT, chef des travaux anatomiques à l'Ecole royale vétérinaire d'Alfort, *Paris*, 1827, in-8. 2 fr. 50 c.

PHYSIOLOGIE VEGETALE, ou EXPOSITION des forces et des fonctions vitales des végétaux, etc.; par M. DECANDOLE, professeur d'histoire naturelle, président de la Société des arts de Genève, etc,, etc. 3 vol. in-8. *Paris*, 1832. 20 fr.

TABLEAU analytique de la FLORE PARISIENNE, par BEAUTIER, d'après la méthode adopté par la Flore française de MM. de LAMARCK et DE CANDOLLE, etc. 2e édition, corrigée et augmentée. *Paris*, 1832. In-18 br. 4 fr.
Ouvrage adopté par le Conseil royal de l'instruction publique, pour l'enseignement dans les collèges royaux, communaux et autres établissemens universitaires.

ÉLÉMENS (Nouveaux) de BOTANIQUE et de PHYSIOLOGIE végétale, par A. RICHARD, membre de l'Institut, professeur à la Faculté de médecine de Paris. 5me édition, revue, corrigée et considérablement augmentée, ornée de 166 planches intercalées dans le texte. *Paris* 1833, un fort vol. in-8. pap. satiné 9 fr.

ELEMENS (Nouveaux) de THERAPEUTIQUE et de MATIÈRE MÉDICALE, par M. le baron ALIBERT, chevalier de plusieurs Ordres, professeur de matière médicale et de thérapeutique à la Faculté de médecine de Paris, médecin en chef de l'hôpital Saint-Louis. Cinquième édition, revue, corrigée et considérablement augmentée. 5 forts vol. in-8. *Paris*, 1826: 25 fr.
L'auteur de cet ouvrage est le premier qui ait amené une réforme salutaire dans cette partie essentielle de l'art de guérir. C'est lui qui, le premier, a appelé la physiologie au secours de la thérapeutique, a appuyé les bases fondamentales de celle-ci sur la doctrine des forces vitales, et a montré la nécessité d'avoir égard aux causes des maladies pour l'administration des remèdes. On lui doit encore d'avoir substitué à une foule d'expressions barbares et surannées un langage clair et précis.

Ce livre n'est pas moins nécessaire aux nombreux élèves qui suivent les cours que son auteur fait à l'Ecole de Médecine, et qui ont besoin de bien se pénétrer de sa méthode, qu'à tous les praticiens qui aiment à se rappeler souvent les vérités d'une science qui est le but unique de toutes leurs études, de toutes leurs veilles, ou, pour mieux dire, le complément de leur art.

La cinquième édition se recommande particulièrement, par les additions importantes que l'auteur a jugées nécessaires et auxquelles ont concouru plusieurs chimistes et botanistes célèbres de la capitale, et notamment MM. Clarion, Pelletier, Caventou, etc.

Catalogue

DES

LIVRES DE MÉDECINE

QUI SE TROUVENT

CHEZ **BÉCHET** Jᵉ, LIBRAIRE DE LA FACULTÉ

DE MÉDECINE DE PARIS,

Place de l'École de Médecine, N° 4.

LIVRES DE FONDS.

FÉVRIER 1834.

ABRÉGÉ ÉLÉMENTAIRE DE CHIMIE , considérée comme science accessoire à l'étude de la médecine, de la pharmacie et de l'histoire naturelle; par J.-L. LASSAIGNE , professeur de Chimie à l'École royale vétérinaire d'Alfort, membre de la Société de Chimie et de Pharmacie de Paris; etc., etc. 2 vol. in-8. accompagnés d'un atlas de 7 grandes planches représentant les principaux appareils de chimie, et de 15 tableaux synoptiques où sont figurés avec leurs couleurs naturelles, les précipités formés par les réactifs dans les solutions des sels métalliques employés dans la médecine. Paris, 1829. br. 16 f.

Ces tableaux rendus fidèlement pourront être consultés avec avantage dans plusieurs circonstances, ils retraceront toujours aux yeux les teintes si variables et si difficiles à décrire qui se manifestent en mettant ces corps en contact avec les réactifs; ils représenteront à tout moment, aux élèves, les effets dont ils auront été témoins dans les cours qu'ils ont suivis, et pourront les guider dans les recherches où il s'agirait de prononcer sur la nature d'une préparation métallique.

L'ouvrage est enfin terminé par l'exposé de quelques principes analytiques, à l'aide desquels on peut reconnaître méthodiquement la plupart des préparations chimiques usitées en médecine.

ABRÉGÉ PRATIQUE DES MALADIES DE LA PEAU, d'après les auteurs les plus estimés, et surtout d'après les documens puisés dans les leçons cliniques de M. le docteur BIETT, médecin de l'hôpital St-Louis ; par M. A. CAZENAVE et H.-E. SCHEDEL, docteurs en médecine, anciens internes de l'hôpital St-Louis, etc. etc. Un fort vol. 8° 2e édit. fig. coloriées. *Paris*, 1833.

Cet ouvrage est d'un grand secours à tous les praticiens éloignés de la capitale qui ont besoin d'apprendre à bien connaître une des parties les plus intéressantes de l'art, d'approfondir les règles relatives au traitement des maladies cutanées, qui sont si nombreuses et si variées. On ne saurait étudier ces maladies avec fruit à l'aide d'une traduction plus ou moins fidèle de l'ouvrage de Batemann, qui n'est lui-même qu'un traité incomplet, et qui renferme des erreurs. Le prix du célèbre ouvrage de M. Alibert est trop élevé pour être à la portée de tout le monde. Il fallait donc un livre essentiellement pratique, qui, dépouillé de tous détails inutiles, présentât les faits d'une manière succincte, mais exacte d'après l'ordre le plus généralement suivi : ce sont ces conditions que réunit l'Abrégé pratique de MM. CAZENAVE et SCHEDEL. Ajouter que cet ouvrage est publié sous les auspices de M. le docteur BIETT, c'est offrir au public toutes les garanties possibles.

ADDITIONS AU TRAITÉ DE L'ANÉVRYSME; par SCARPA ; trad. de l'italien par OLLIVIER, D.-M. *Paris*, 1821, in-8. br.
1 f. 60 c.

AGENDA MÉDICAL pour l'an 1834, contenant les noms et l'adresse des Docteurs en Médecine de la Faculté de Paris et de l'Académie royale de médecine, un Code manuel des lois et réglemens relatifs à l'exercice de la médecine ; suivi d'un formulaire pratique dans lequel on a réuni avec soin les formules des nouveaux médicamens les plus usités, in-18. rel. en mouton maroq. 3 fr. 25 c.

Maroquin. 4 50

Idem à secret. 5

ANATOMIE des FORMES EXTÉRIEURES à l'usage des PEINTRES, SCULPTEURS et DESSINATEURS, etc. ; par M. GERDY, professeur de pathologie externe à la Faculté de médecine de Paris, chirurgien en second à l'hôpital St-Louis, etc.; etc. 1 vol. in-8. accompagné de trois planches au trait, plus un atlas grand in-fol. *Paris*, 1829. 10 f.

L'ouvrage de M. Gerdy donne successivement la description des formes extérieures et leur explication anatomique; l'exposition des différences que présentent ces formes suivant les âges, les sexes, les tempéramens, les climats, le repos, les mouvemens ou les passions qui les modifient; enfin la description des os et de leurs articulations, des muscles, des veines superficielles, du tissu cellulaire sous cutané, de quelques autres parties qui font saillie à l'extérieur, et de la peau qui les enveloppe toutes. Cet excellent traité n'est pas seulement utile aux artistes qui se livrent à la peinture et à la sculpture, mais il renferme encore une foule de documens précieux qui intéressent directement les médecins praticiens et les étudians qui s'occupent soit d'anatomie, soit de chirurgie.

ANATOMIE-PATHOLOGIQUE ; par MECKEL. *Leipzig*, 1812. 3 vol. in-8.° (en allemand). 36 f.

ARCHIVES GÉNÉRALES DE MÉDECINE ; journal publié par une Société de Médecins, composée de Membres de l'Académie royale de Médecine, de professeurs, de médecins et de chirurgiens des hôpitaux civils et militaires, etc. Années 1823, 1824 et 1825, ensemble 9 forts vol. in-8°. 80 f. L'année 1826 et les suivantes jusqu'en 1832, séparément. 26 f.

ART (l') de DOSER LES MÉDICAMENS tant anciens que nouveaux, selon les différens âges, c'est-à-dire de 1 an à 1 an 1/2, de 1 an 1/2 à 3 ans, de 3 ans à 7, de 7 à 14, de 14 à 20, de 20 à 60, ou Dictionnaire de posologie médicale en tableaux synoptiques; par MM. BRICHETEAU, doct.-médecin, CHEVALLIER, pharmacien chimiste, et COTTEREAU, docteur en médecine, agrégé près la Faculté de médecine de Paris, etc. 1 fort vol. in-18. Paris. 1829. 5 fr.

L'étude de la matière médicale n'est pas, il s'en faut bien, du nombre de celles auxquelles les élèves se livrent avec le plus d'ardeur; et, dans cette branche des connaissances médicales, il est un point extrêmement négligé : ce point, c'est la posologie, ou connaissance des doses auxquelles chaque médicament doit être administré selon les différens âges. D'ailleurs, les notions de cette espèce n'ayant rien qui intéresse bien vivement l'esprit, ou qui puisse frapper fortement l'attention, s'effacent de la mémoire avec une incroyable facilité. Rien ne peut donc être plus utile, puisque la connaissance de la posologie est indispensable, que de la présenter isolée et sous une forme qui fixe exclusivement l'attention du lecteur; cette remarque suffit pour faire sentir tout l'avantage qu'on peut retirer de *l'art de doser les médicamens*. Le livre de MM. Bricheteau, Chevallier et Cottereau est tel qu'on devait l'attendre d'hommes également instruits dans la pharmacologie, la pharmacie et la thérapeutique.

ART de PRÉPARER LES CHLORURES DÉSINFECTANS, les chlorures de chaux, de potasse et de soude; suivi de détails sur les moyens d'apprécier la valeur réelle de ces produits, sur leur application aux arts, à l'hygiène publique, à la désinfection des ateliers, des salles des hôpitaux, des fosses d'aisance, à la préparation de

1..

divers médicamens et au traitement de diverses maladies, etc. etc.; terminé par des considérations sur le chlore et sur son emploi dans diverses circonstances, pour combattre la phthisie; par A. CHEVALLIER, pharmacien-chimiste, professeur particulier de chimie médicale et pharmaceutique, membre adjoint de l'académie royale des sciences de Bordeaux, des sociétés de chimie médicale et de pharmacie de Paris, etc., etc. in-8° fig. *Paris*, 1829

5 fr.

Parmi les nombreux produits qui sont dus à la chimie, il n'en est pas dont les applications soient aussi nombreuses et en même temps aussi intéressantes que celles des chlorures d'oxides; cependant tout ce qui avait été écrit à ce sujet était disséminé dans les mille recueils scientifiques qui existent tant en France qu'à l'étranger. M. Chevalier a conçu l'heureuse idée de réunir tous ces documens épars, et il s'est acquitté de la tâche qu'il s'est imposée avec tout le talent dont il a fait preuve dans les ouvrages qu'il a précédemment publiés. Son livre a reçu un nouveau degré d'intérêt de l'addition des recherches entreprises dans ces derniers temps sur les propriétés thérapeutiques du chlore, et en particulier de celles de M. le docteur Cottereau sur l'application de ce corps gazeux au traitement de l'affection tuberculeuse des poumons.

ART de PRÉVENIR LE CANCER AU SEIN CHEZ LES FEMMES qui touchent à leur époque critique ou qui peuvent craindre cette funeste maladie, à la suite d'un dépôt laiteux ou d'une contusion, etc.; par L.-J.-M. ROBERT, docteur en médecine, médecin en chef du Lycée impérial de Marseille, etc., etc. in-8. br. 7 f.

ART (l') de PROCRÉER LES SEXES A VOLONTÉ, ou Histoire physiologique de la Génération humaine, etc., vi° édit. avec des notes additionnelles pour mettre cet ouvrage à la hauteur des connaissances modernes; par J.-A. MILLOT, bachelier ès-sciences, membre des ci-devant collège et Académie royale de chirurgie de Montpellier et de Paris. *Paris*, 1828. 1 vol. in-8, orné de 15 grav. 7 f.

ART de PROLONGER LA VIE HUMAINE; par M. HUFELAND; docteur en médecine et professeur à l'Université de Jéna; trad. sur la seconde et dernière édition allemande, 1 vol in-8 4 f.

B.

BROUSSAIS (M.) réfuté par lui-même, ou Lettre à M. le docteur Broussais; par M. MARTIN d'AUBAGNE, D.-M. *Paris*, 1825, in-8. 5 f.

Nommer M. Martin d'Aubagne, c'est rappeller à l'esprit les travaux importans que l'auteur a consignés dans le Recueil des Mémoires de la Société médicale d'émulation, et les prix remportés dans plusieurs académies.

C.

CHIMIE des GENS DU MONDE ; par SAMUEL PARKES ; ouvrage trad. de l'angl. sur la neuvième édition par M. RIFFAULT, ex-régisseur général des poudres et salpêtres, membre de la légion-d'honneur, etc. 2 vol. in-8. *Paris*, 1828. 10 f.

Les traités de chimie ne nous manquent pas, et il serait impossible de trouver mieux en ce genre que ceux de Thénard, Thompson, Berzélius, Orfila, Lassaigne, etc. ; mais les principaux traités sont spécialement destinés aux personnes qui veulent faire de la chimie l'objet spécial de leurs études et qui doivent en aborder toutes les difficultés sans en laisser aucune de côté. Il fallait donc autre chose pour les gens du monde qui n'ont pour but en parcourant un livre de ce genre que d'y trouver l'explication des phénomènes nombreux qui se passent journellement sous leurs yeux. C'est ce qu'a senti l'auteur Anglais, et ce qu'il a fait avec un succès dont neuf éditions rapidement enlevées donnent une preuve convaincante. M. Riffaut a donc rendu un véritable service à la société en faisant passer dans notre langue l'ouvrage de M. Parkes, et l'accueil favorable qu'a reçu partout sa traduction, prouve le haut intérêt qui s'attache à sa lecture.

* CODE PHARMACEUTIQUE, ou Pharmacopée française, rédigé en latin par MM. LEROUX, VAUQUELIN, DEYEUX, JUSSIEU, RICHARD, PERCY, HALLÉ, HENRI, VALLÉE, BOUILLON-LAGRANGE et CHÉRADAME ; publié, conformément à l'Ordonnance royale du 8 août 1816, par la Faculté de médecine de Paris, et traduit par A. J.-L. JOURDAN, docteur en médecine de la Faculté de médecine de Paris. Deuxième édition, revue corrigée et augmentée, 1° d'un grand nombre de *Formules* extraites des *Pharmacopées légales* de Londres, Dublin, Édimbourg, Madrid, Lisbonne, Vienne, Genève, etc. ; 2° de beaucoup d'autres *Formules* extraites de *nouveaux ouvrages de pharmacie* publiés depuis le *Codex* ; 3° d'un *Tableau des principaux réactifs* ; par A.-D.-A. FÉE, pharmacien, professeur à l'hôpital militaire d'instruction de Lille, membre de l'Académie royale de méd., de la Société de pharmacie de Paris, de celle d'histoire nouvelle de chimie médicale de la même ville, des Sociétés Linnéennes de Lyon et de Caen, des Sociétés académiques d'Orléans, Lille, Nancy, etc., etc. 1 vol. in-8. 7 fr.

CODE ADMINISTRATIF des établissemens dangereux, insalubres ou incommodes, par Ad. Trébuchet, avocat à la Cour royale de Paris, membre de la commission centrale de salubrité, chef du bureau des établissemens insalubres, à la préfecture de police. *Paris*, Paris, 1832, 1 vol. in-8. 5 fr.

CODEX MEDICAMENTARIUS, sive Pharmacopæa gallica, jussu regi optimi et ex mandato summi rerum internarum regni administri editus à Facultate medicâ Parisiensi. 1 vol. in 4°, 1818, 6 f.

Le Gouvernement vient de rendre cet ouvrage au commerce, qui en était privé depuis long-temps.

Il est bon de rappeler ici que d'après une ordonnance du Roi, il est enjoint à tous les Pharmaciens de s'y conformer pour la préparation des médicamens et leur formule.

COLLECTION d'OBSERVATIONS CLINIQUES ; par MARC ANTOINE PETIT, docteur en Médecine de la ci-devant université de Montpellier, ancien chirurgien en chef de l'Hôtel-Dieu de Lyon, etc., etc. *Lyon*, 1815, in-3. br.   6 f.

CONSULTI MEDICI ; par PASTA. in-4. br.   6 f.

COUP-d'OEIL sur la REVOLUTION et sur la REFORME de la MÉDECINE ; par M. CABANIS ; membre du Sénat conservateur, de l'Institut national de la France, professeur à la Faculté de médecine, etc. *Paris*, 1804, in-8. br.   6 f.

Cet ouvrage n'est pas seulement un résumé de tous les systèmes qui ont régné tour-à-tour en médecine, un exposé de toutes les modifications que chaque doctrine nouvelle a nécessitées dans le traitement des maladies, il renferme aussi des vues très-sages sur la réforme dont l'art de guérir est encore susceptible de nos jours ; il indique des moyens de perfectionnement dictés par un esprit juste et habitué à réfléchir.

C'est en même temps une histoire critique de la médecine, et un livre destiné à assurer les progrès de cette science.

COURS de BOTANIQUE et de PHYSIOLOGIE VÉGÉTALE ; par M. HANIN, doct. en méd. de la Faculté de Paris. 1 vol. in-8° de 800 pages. *Paris*, 1811,   6 f.

L'étude des plantes, cette partie de l'histoire naturelle qui a tant d'attraits, qui est si agréable, si curieuse, n'intéresse pas seulement le médecin, elle est encore fort utile à l'agriculteur et à celui qui s'occupe d'économie publique. En effet si l'un doit avoir une connaissance exacte des végétaux considérés comme substances nutritives et médicamenteuses, les autres n'ont pas moins d'intérêt à les bien connaître, soit pour les cultiver avantageusement, soit pour faire prospérer les espèces ou apprécier les différens produits qu'elles peuvent fournir aux arts.

Si l'on ajoute que cette étude, si facile d'ailleurs, serait pour les gens du monde, pour les femmes surtout, une source intarissable de plaisirs toujours nouveaux, de jouissances inaltérables, on est surpris qu'elle ne soit pas plus généralement cultivée.

Le livre du docteur HANIN sur cette matière, est un des meilleurs ouvrages élémentaires que nous ayons; il est très-propre à guider nos premiers pas, à nous initier dans les secrets de la végétation.

COURS ÉLÉMENTAIRE d'HYGIENE ; par M. ROSTAN, professeur de médecine clinique à la Faculté de médecine de Paris, etc. 2me édition, revue, corrigée et augmentée. *Paris*, 1828, 2 v. in-8.   14 f.

La lecture de cet ouvrage peut être regardée comme une introduction nécessaire à l'étude de la pathologie. Elle peut aussi se recommander aux personnes qui, étrangères à la médecine, cherchent sagement dans les livres sur cette science, plutôt des préceptes propres à les préserver des maladies, que des moyens pour s'en guérir ; aux personnes avides d'instruction qui veulent connaître l'influence des divers corps de la nature sur l'homme.

L'ouvrage de M. Rostan se distingue autant par la profondeur et la justesse des pensées que par la grace et l'élégance du style, de tous ceux qui ont été publiés sur le même sujet, et qui laissaient depuis long-temps désirer qu'un médecin physiologiste et praticien à la fois s'en emparât de nouveau. Une nouvelle division, fondée sur la division même des fonctions de l'économie animale, présente sous le jour le plus naturel et le plus lumineux, les diverses modifications qu'éprouve l'exercice de chacune de ces fonctions, et les causes nombreuses de ces modifications.

L'auteur a su mettre à profit dans son ouvrage les savantes leçons de M. le professeur Hallé, et diminue par là les regrets de ne pas posséder un ouvrage sur l'hygiène, que cet homme célèbre avait professé avec tant d'éclat.

COURS THÉORIQUE et PRATIQUE d'ACCOUCHEMENS, par CA-
PURON, professeur d'accouchemens. 4ᵉ édit., revue, corrigée et
augmentée. *Paris*, 1828. 8 fr.

D.

DE CURANDIS HOMINUM MORBIS EPITOME ; par FRANK.
Libri vi. De Retentionibus. *Viennœ*, 1820.

Ce volume est le complément de l'*Épitome* de Frank, édition
d'Allemagne, et se vend séparément. 9 f.

DE CURANDIS HOMINUM MORBIS EPITOME ; par P. FRANK,
Mediolani, 8 vol. in-8. 27 f.

DÉFENSE des MÉDECINS FRANÇAIS contre le Dʳ BROUSSAIS.
etc. ; par AUTHENAC. *Paris*, 1821, 1.ʳᵉ, 2.ᵉ et 3.ᵉ livraisons.
15 f.

DEI SENSI, TRATTATO in supplem. all'anatomia compilato sulle
altre opere dello stesso e di parimenti celebri autore dal Cav. D.
V. MANTOVANI ; par SOEMMERING. 8 vol. 8.º *Firenze*,
1823. 35 f.

DÉMONSTRATIONS (Nouv.) d'ACCOUCHEMENS, avec des planches en taille-douce, accompagnées d'un texte raisonné, propre
à en faciliter l'explication, par J.-P. MAYGRIER, docteur en
médecine de la Faculté de Paris, professeur d'anatomie, d'accouchemens, de maladies des femmes, etc., etc. 20 livraisons
format in-fol. ; chaque livraison est ornée de 4 magnifiq. planches gravées en taille-douce, formant un fort volume in-f.º Paris, 1827.

Fig. noires, 80 f.
— coloriées, 166 f.

Le même ouvrage en espagnol,   60 f.

Le portrait de l'Auteur, qui est d'une parfaite ressemblance, se vend séparément,   2 f.

Possesseur des nombreuses et utiles observations que peut fournir sur l'art des accouchemens une pratique aussi étendue qu'heureuse; imbu des notions d'une saine théorie, que donne surtout la longue habitude du professorat; instruit dans les diverses branches de l'art de guérir, et surtout en anatomie; capable de rattacher la science, dont il pose ici les bases, à d'autres principes que ceux admis par le commun des accoucheurs, l'auteur de l'ouvrage que nous annonçons n'a point voulu, à l'exemple de la plupart de ceux qui ont beaucoup vu, devenir seulement un praticien habile : il a prétendu faire jouir des fruits de sa savante expérience, ses contemporains et la postérité, et le résultat de ses travaux est un véritable monument aussi utile que bien exécuté.

Les quatre-vingts planches qui décorent le livre de M. Maygrier, tout en faisant honneur au crayon léger et gracieux de M. Chazal, et au burin flexible et moelleux de MM. Coutant, Forestier et Couché fils, artistes déjà renommés par leurs nombreuses et belles productions, frappent d'abord la vue, et, avant même qu'on ait eu le temps de parcourir le texte, décèlent, par leur parfaite exactitude, les soins que l'auteur a mis à les faire exécuter, les peines qu'il a dû se donner pour les placer à l'abri de la critique. La plupart d'entre elles peuvent passer pour des modèles dans leur genre, et il est difficile d'en citer quelques unes de préférence aux autres.

Quant au texte, il se recommande par sa clarté et par sa concision. Nous devons faire connaître avec quelque exactitude la marche que l'auteur a suivie pour sa rédaction; l'importance du sujet et la manière dont il est traité nous en font un devoir.

Tout ce qui concerne l'histoire du bassin de la femme, considéré dans ses rapports avec la science pratique des accouchemens, la description de cette cavité osseuse, ses divisions, ses dimensions, ses nombreuses et diverses articulations, ses difformités, les moyens de constater ses vices durant la vie, constituent, en tête du livre, une introduction obligée, et que complète l'examen des parties extérieures et intérieures de la génération chez la femme, du vagin, de l'utérus et de ses annexes et des notions sur les usages de cet appareil organique.

Viennent ensuite des détails sur le fœtus et ses dépendances, sur le développement de ses membranes et sur sa propre évolution, sur le placenta et le cordon ombilical; sur l'histoire expérimentale et physiologique de la grossesse; des préceptes sur la manière de pratiquer le toucher et le ballottement; le tableau des phénomènes de l'accouchement naturel par la tête, par les pieds et par les fesses; celui des manœuvres simples à exécuter dans ces divers cas; des considérations sur la présentation du fœtus par le dos, le thorax, le ventre, les hanches, les épaules, le bras, etc; l'exposé des principes de la manœuvre, composée ou expérimentale; l'histoire de la symphyséotomie et de l'hystérotomie; des réflexions sur le procédé des anciens, sur celui de Baudelocque, sur celui de Lauverjat; celle des opérations qui se pratiquent sur l'enfant mort;

celle de l'allaitement, et la description des instrumens relatifs à la pratique des accouchemens.

(Extrait des Archives de Médecine. Septembre 1827).

DENTISTE OBSERVATEUR (Le), ou moyens, 1° de connaître par *la seule inspection des dents*, la nature constitutive du tempérament ; ainsi que quelques affections de l'ame ; avec des recherches et observations sur les causes des maladies qui attaquent les dents depuis l'état du fœtus jusqu'à l'âge de puberté, etc. 2° de garantir de souffrances cruelles, et même de la mort, un grand nombre d'enfans ; par MAHON, chirurgien-dentiste, reçu au ci-devant Collège de Paris. 1 vol. in-12, br.
1 fr. 50 c.

DESCRIPTION FIGURÉE de l'OEIL HUMAIN, traduite de l'ouvrage de Samuel-Thomas SOEMMERING, intitulé : *Icones oculi humani* ; par DEMOURS. 1 vol. in-4, orné de 13 planches, en noir et coloriées. 27 f.

DES OFFICIERS DE SANTÉ et de Jurys-Médicaux chargés de leur réception ; par M. le baron RICHERAND, professeur à la Faculté de médecine de Paris, etc. in-8. 1834. 1 fr

DES POLYPES et de leur traitement ; etc. ; par GERDY, professeur de pathologie externe à la Faculté de Paris. Paris, 1833. in o. br. 3 f.

DES PREMIERS SECOURS à administrer dans les maladies et accidens qui menacent promptement la vie ; par J.-F.-A. TROUSSEL, docteur en méd. de la Faculté de Paris, médecin du 10° arrondissement, etc. 1 vol. in-12. 3 f. 50
Ouvrage contenant l'indication précise des soins à donner dans les cas d'empoisonnement, de mort apparente, d'asphyxie, de coup de sang et d'apoplexie, de blessures, de plaies envenimées, d'hémorragies, de brûlures et de corps étrangers introduits dans les ouvertures naturelles ; terminé par l'énumération des secours à donner dans quelques affections graves des femmes enceintes et des enfans nouveau-nés, et par l'indication de la conduite que doit tenir le médecin, quand **il** est appelé pour un cas de médecine légale.

DICTIONNAIRE de Médecine en 21 vol. in-8. par MM. ADELON, prof. à la Fac. de méd. de Paris ; BÉCLARD, prof. d'anatomie à la même Faculté ; BIETT, médecin à l'hôp. St-Louis, pour les maladies cutanées ; BRESCHET, chef des travaux anatomiques près la Fac. de médecine, chirurgien de l'Hôtel-Dieu ; CHOMEL, professeur à la Faculté de médecine de Paris, médecin à l'hôpital de la Charité ; H. CLOQUET, Professeur à la Faculté de médecine ; J. CLOQUET, agrégé près la Faculté de médecine, Chirurgien de l'hôpital Saint-Louis ; COUTANCEAU, professeur à l'hôpital militaire du Val-de-Grace ; DESORMEAUX, professeur d'accouchemens à la Faculté de médecine de Paris ; FERRUS, médecin de l'hospice de Bicêtre, pour les aliénés; GEORGET, médecin adjoint de la maison de santé de M. Esquirol, pour les aliénés ; GUERSENT, médecin de l'hôpital des Enfans ; LAGNEAU, docteur-médecin ; LANDRÉ-BEAUVAIS, doyen de la Faculté de médecine de Paris; MARC, médecin légiste ; MARJOLIN, professeur à la Faculté de médecine, chirurgien en chef de l'hôpital Beaujon ; MURAT, chirurgien en chef de l'hospice de Bicêtre; OLLIVIER (d'Angers) docteur en médecine ; ORFILA, professeur de chimie à la Faculté de médecine ; PELLETIER, professeur à l'École de pharmacie; RAIGE-DELORME, docteur en médecine ; RAYER, docteur en médecine ; RICHARD, professeur de botanique et agrégé près la Faculté de médecine; ROCHOUX, agrégé près la Faculté de médecine; ROSTAN, professeur de médecine clinique, médecin de l'hospice de la Salpétrière; ROUX, professeur de pathologie externe à la Faculté de médecine, chirurgien de l'hôpital de la Charité ; et RULLIER, agrégé près la Faculté de médecine de Paris, médecin de l'hôpital de la Charité, etc. *Paris*, 1821-1828. Prix br. . . . . 136 fr. 50 c.

DICTIONNAIRE DE MÉDECINE, ou Répertoire général des sciences médicales considérées sous les rapports théoriques et pratiques ; par MM. ADELON, BÉCLARD, BIETT, BLACHE, BRESCHET, CALMEIL, CAZENAVE, CHOMEL, H. CLOQUET, J. CLOQUET, COUTANCEAU, DALMAS, DANCE, DESORMEAUX, DEZEIMERIS, P. DUBOIS, FERRUS, GEORGET, GERDY, GUERSENT, ITARD, LAGNEAU, LANDRÉ-BEAUVAIS, LAUGIER, LITTRÉ, LOUIS, MARC, MARJOLIN, MURAT, OLLIVIER, ORFILA, OUDET, PELLETIER, PRAVAZ, RAIGE-DELORME, REYNAUD, RICHARD, ROCHOUX, ROSTAN, ROUX, RULLIER, SOUBEIRAN, TROUSSEAU, VELPEAU, VILLERMÉ. 2e ÉDIT. ENTIÈREMENT REFONDUE ET CONSIDÉRABLEMENT AUGMENTÉE.

Condition de la Souscription.

Cette seconde édition du Dictionnaire de Médecine, en raison des additions faites aux articles de médecine et de chirurgie pratique et des parties toutes nouvelles qui y seront traitées, et particulièrement de la Bibliographie, se composera de 25 volumes. Les volumes de 560 à 600 p. chacun, seront publiés au nombre de 5 par année.

Le prix pour les souscripteurs est fixé à 6 fr. pour Paris, et 8 fr. franc de port par la poste, pour les départemens. — Les non souscripteurs payeront chaque volume 8 fr., et 10 fr. par la poste. Cette augmentation aura lieu incessamment.

Les six premiers volumes sont en vente.

DICTIONNAIRE des DROGUES simples et composées, ou Dictionnaire d'Histoire naturelle médicale, de pharmacologie et de chimie pharmaceutique ; par MM. A. CHEVALLIER, pharmacien-chimiste, professeur particulier de chimie médicale et pharmaceutique, membre-adjoint de l'acad. roy. de méd., membre de l'académie royale des sciences de Bordeaux, des Sociétés de chimie médicale et de pharmacie de Paris, etc., etc.

A. RICHARD, professeur à la Faculté de médecine de Paris, membre de l'acad. royale de médecine, des Sociétés d'hist. naturelle et de chimie médicale de Paris, etc., etc.

Et J. A. GUILLEMIN, membre de la Société d'histoire naturelle de Paris. *Paris*, 1827-28-29. 5 vol. in-8. fig.   34 fr.

Cet ouvrage réunit toutes les connaissances relatives à la pharmacie. La botanique, l'histoire naturelle, la chimie, y sont traitées avec le plus grand soin; la description des instrumens, des procédés est succincte, mais faite avec clarté et précision ; les formules, tirées des meilleurs auteurs, y sont rapportées avec exactitude. Chaque produit est traité de la manière suivante : 1° sa nomenclature ; 2° l'historique de sa découverte; 3° sa description ; 4° son mode de préparation ; 5° ses usages ; 6° s'il est vénéneux, les moyens les plus propres à le faire reconnaître ; 7° les antidotes à lui opposer lors de son introduction dans l'économie animale; 8° les résultats des analyses faites par les chimistes français et étrangers; 9° les doses auxquelles on administre ce produit employé comme agent thérapeutique. D'après l'un des rédacteurs du *Journal de Chimie médicale*, M. ROBINET, *cet ouvrage est exécuté avec tant de zèle, qu'on trouve dans le corps des deux premiers volumes des faits dont la découverte date à peine de quelques jours.*

DICTIONNAIRE élémentaire et raisonné des termes de BOTANIQUE, contenant l'étymologie et la définition de tous les termes employés pour désigner les diverses organes des végétaux, leurs modifications, leurs fonctions et leurs maladies; avec l'indication des mots qui doivent être préférés ou rejetés, par M. Achille RICHARD, professeur de botanique et de physiologie végétale à la Faculté de Médecine de Paris. Un vol. in-8°, à 2 colonnes, d'environ 40 feuilles. *Sous presse.*

La botanique est peut-être de toutes les sciences naturelles, celle où le besoin d'un dictionnaire explicatif des termes qui composent son langage, se fasse le plus vivement sentir. Il est peu de sciences en effet où les termes techniques soient plus multipliés, et aient autant varié suivant les opinions théoriques, quelquefois même suivant le caprice des auteurs qui ont écrit sur cette partie de l'histoire naturelle. Pendant plusieurs années, M. Richard s'est occupé de réunir les matériaux de cet ouvrage, et pour lui donner un degré d'utilité qui manque à tous les autres livres du même genre, il aura le soin, non-seulement de donner une définition exacte de tous les mots qui ont été proposés par les divers auteurs, mais il assignera ceux qui doivent être préférés pour désigner chaque organe, soit à cause de leur antériorité, soit à cause de leur euphonie ou leur précision, en présentant les autres comme de simples synonymes. Ce travail long et difficile aura l'avantage de mettre sous les yeux du lecteur tous les noms par lesquels un même organe aura été désigné par les différens auteurs.

Ce dictionnaire paraîtra au mois d'avril prochain.

DICTIONNAIRE HISTORIQUE DE LA MÉDECINE ANCIENNE ET MODERNE, ou Précis de l'Histoire générale, technologique et littéraire de la Médecine; suivi de la Bibliographie médicale du XIX.e siècle, et d'un Répertoire bibliographique par ordre de matières; par M. Dezeimeris, docteur en médecine, bibliothécaire-adjoint à la Faculté de méd de Paris. 3 vol. in-8.° de 800 pages.

Le texte est semblable à celui du Dictionnaire de médecine, et la Bibliographie imprimée sur deux colonnes est en plus petit caractère. Chaque volume sera divisé en deux parties; les deux premières parties ont paru; les autres paraîtront de trois mois en trois mois, à partir du 1er mars prochain sans aucune interruption. Le prix de chaque livraison est de 5 francs 50 c. pour les souscripteurs et de 6 f. pour les non-souscripteurs.

Un choix judicieux parmi les milliers de noms d'auteurs qui surchargent la légende médicale, et qui sont bien loin de tous mériter les honneurs de la biographie; du tact, de la mesure et une juste sévérité dans l'esprit qui a présidé à l'exclusion de tous les écrits inutiles qui, de tous temps, ont pullulé davantage que les bons; des jugemens impartiaux, concis et pourtant complets sur les hommes et sur leurs travaux; enfin, une manière large dans les aperçus historiques sur les diverses branches de la science, telles sont les qualités qui le distinguent et qui placent ce dictionnaire au rang des meilleures publications de notre époque.

Cet ouvrage ne peut manquer d'obtenir un brillant succès: indispensable à tous les médecins qui veulent écrire, il deviendra bientôt nécessaire à ceux-mêmes qui se livrent exclusivement à la pratique de l'art. Peut-être même sera-ce à ces derniers qu'il rendra le plus de services: n'ayant que peu de temps à consacrer à leurs lectures, ils trouveront là tout ce qu'il leur importe de savoir sur les théories et les *doctrines pensées*, et surtout un guide sûr pour les diriger dans le choix des livres qu'ils auront à consulter sur chaque maladie.

DICTIONNAIRE DE POSOLOGIE. (*Voy.* Art de doser les médicamens, etc., etc.)

DISSERTATION ACADÉMIQUE SUR LE CANCER, qui a remporté le prix double de l'Acad. des Sciences, etc.; par PEYRILHE, professeur royal au Collège de chirurgie de Paris, conseiller du Comité de l'académie royale de chirurgie, etc. etc. 1 f. 50 c.

DOCTRINE GÉNÉRALE des MALADIES CHRONIQUES pour servir de fondement à la connaissance théorique et pratique de ces maladies; deuxième édit. augmentée de notes par L. ROUZET; et d'un supplément par F. BÉRARD, *Paris*, 1824. 2 vol. in-8. 14 f.

DU GALVANISME APPLIQUÉ A LA MÉDECINE, et de son efficacité dans le traitement des affections nerveuses, de l'asthme, des paralysies, des douleurs rhumatismales, des maladies chroniques en général, etc., etc., avec des notes sur quelques remèdes auxiliaires; par LA BEAUME; ouvrage traduit de l'anglais par M. FABRE-PALAPRAT, docteur en méd. *Paris* 1828; un vol. in-8.   6 fr.

DU DEGRÉ de CERTITUDE EN MÉDECINE; par CABANIS. 3.ᵉ édit. *Paris* 1819, in-8.º br.   2 f.

Cabanis rassemble ici tous les argumens les plus plausibles, tous les raisonnemens les plus spécieux qui aient jamais été opposés à la certitude de la médecine, et, après les avoir présentés dans toute leur force, avec tout leur poids, il les combat avec les seules armes de la raison, il les détruit par le seul pouvoir d'une bonne logique; et c'est toujours avec une sage retenue qu'il justifie son art des reproches que lui ont adressés les ignorans et les gens de mauvaise foi : il cherche moins à les confondre qu'à les éclairer.

DU GÉNIE d'HIPPOCRATE et de son influence sur l'art de guérir, etc.; par DES-ALLEURS. *Paris*, 1824, in-8. br.   4 f.

L'auteur quoique jeune encore, généralement regardé comme un des plus habiles praticiens de Rouen, n'a pas tardé à reconnaître et à prouver que les principes hippocratiques sont quelquefois préférables aux systèmes dont on a trop souvent embarrassé la science.

*DUMAS. Traité de Chimie appliquée aux arts. Cet ouvrage formera 5 vol. in-8 de 700 à 800 pages, chaque volume sera accompagné d'un atlas de pl. in-4. gravées en taille-douce, au nombre de 14 à 16.

Les tomes I, II, III et IV sont en vente; le Vᵉ est sous presse Prix de chaque volume et atlas,   12 fr. 50 c.

Cet ouvrage, dont on a déjà publié deux traductions en Allemagne, est destiné à exercer une grande influence sur l'éducation industrielle. Il est fait avec conscience et scrupule. L'auteur cherche à réunir l'exactitude, la clarté et la profondeur. Il réussit presque toujours quand il cherche à populariser les idées les plus élevées, et qu'il veut en montrer l'application aux phénomènes les plus communs de l'industrie.
Le premier volume renferme un précis de philosophie chimique; l'histoire des corps non métalliques et de leurs combinaisons. On y remarque l'extraction du soufre, la fabrication des principaux acides. Le volume est terminé par l'histoire détaillée des combustibles et la description des appareils d'éclairage.
Le second volume renferme l'histoire des alcalis, celle des terres et celle de leurs combinaisons. Les applications qui en découlent sont fort nombreuses. Ainsi la préparation de l'alun, du sel marin, du nitre, de la soude, forment des chapitres étendus et tout-à-fait neufs. Il en est de même de la fabrication des mortiers, de celle de la poudre qui offrent des détails tout-à-fait nouveaux, et un ensemble de discussion qui ne se retrouve nulle autre part.
Le troisième volume comprend l'histoire de tous les métaux, celle de leurs combinaisons, et une foule de recettes d'analyse applicable aux matières de l'industrie. Les articles bronze, laiton, étamage, essais d'argent; l'article fer surtout seront remarqués par les idées qui s'y trouvent énoncées. Jamais on n'a réuni, groupé, discuté autant de faits et d'idées relativement à chacun des métaux.
L'auteur a rendu un service immense en cherchant à populariser la méthode d'analyse courante. On ne peut que l'engager à persévérer dans cette voie.

ÉLÉMENS d'ANATOMIE GÉNÉRALE , ou Description de tous les genres d'organes qui composent le corps humain; par M. BÉCLARD, professeur d'anatomie à la Faculté de medecine de Paris, chirurgien en chef de l'hôpital de la Pitié, membre titulaire de l'académie royale de médecine, etc. 1 volume in-8. de plus de 600 pages, 2me édition accompagnée d'une notice historique sur la vie et les travaux de l'auteur, par M. le docteur OLLIVIER d'Angers, ornée d'un portrait gravé d'après le buste de David, *Paris* 1827.   9 f.

ÉLÉMENS de MÉDECINE ; par BROWN ; traduits de l'original latin, avec des additions et notes de l'auteur, d'après la traduction anglaise, et avec la table de LINCHE, par FOUQUIER, D.-M. *Paris*, 1805, in-8. br.   5 f. 50 c.

ÉLÉMENS d'HISTOIRE NATURELLE MÉDICALE , contenant la description, l'histoire et les propriétés des alimens, des médicamens et des poisons tirés des règnes végétal et animal, la description et la figure des vers intestinaux de l'homme; précédés d'une classification générale des êtres de la nature, par RICHARD, professeur à la Faculté de médecine de Paris ; aide naturaliste au Muséum d'histoire, membre-adjoint de l'Académie royale de médecine, membre de la Société philomatique et de la société d'histoire naturelle de Paris, etc. 2me édit. 2 forts vol. in-8. ornés de 8 planches dont 3 coloriées. *Paris*, 1831.   18 fr.

La première édition de cet ouvrage a paru sous le titre de *Botanique médicale*. L'auteur, dans cette seconde édition, a tellement modifié son plan primitif, qu'il a cru devoir en changer le titre et substituer au premier celui d'Élémens d'histoire naturelle médicale. En effet, cette deuxième édition renferme des considérations générales sur l'histoire naturelle, la classification générale des corps que cette science embrasse, et les caractères des classes établies dans le règne animal. La première partie est consacrée à la zoologie médicale, la deuxième à la botanique. Dans la première, l'auteur expose les caractères généraux des animaux observés dans toutes leurs modifications et passe ensuite à l'histoire spéciale de ceux qui fournissent quelque produit utile à la médecine, à l'économie domestique ou aux arts. Cette partie est terminée par l'histoire et la description des vers intestinaux de l'homme. La deuxième partie comprend la botanique médicale proprement dite, c'est-à-dire la description détaillée et les usages de tous les végétaux employés à titre de médicamens, d'alimens, ou de poisons.

Cette deuxième édition singulièrement améliorée, ne peut manquer de continuer à être le manuel indispensable de tous les élèves en médecine et en pharmacie, qui veulent acquérir des notions exactes sur l'une des branches de leurs études.

ÉLÉMENS de PATHOLOGIE générale et de PHYSIOLOGIE pathologique, par L. CAILLOT, docteur en médecine, ancien médecin en chef des armées navales et de la marine, de la Société et
de la Faculté de Paris, etc., etc., etc. *Paris*, 1819, 2 vol. in-8.
br. 12 f.

Aucun ouvrage ne prouve mieux que celui-ci les progrès que la
théorie médicale a faits de nos jours. On y trouve exposés avec autant de clarté que de bonne foi, les principes véritables de la
pathologie générale, de celle qui est basée sur la physiologie,
puisqu'en effet les maladies auxquelles nous sommes sujets ne sont
autre chose que le dérangement des fonctions dont la régularité
constitue l'état de santé.

L'auteur n'a posé, pour dogmes fondamentaux, que ceux qui
sont suffisamment constatés. Il n'a montré un attachement aveugle
pour aucun système particulier; mais il a su, en homme habile,
profiter des découvertes nouvelles, des opinions les plus modernes.

Ce livre, réellement remarquable, tant sous le rapport de la
conception des plans que sous celui de l'exécution, n'est pas assez
généralement connu. Les élèves ne trouveront peut-être nulle autre
part autant de moyens d'instruction, un guide aussi sûr pour
diriger leurs études médicales.

ÉLÉMENS de PHYSIQUE expérimentale et de MÉTÉOROLOGIE,
par C.-S.-M.-M.-R. POUILLET, professeur de physique à la
Faculté des sciences et à l'École Polytechnique, Membre de
la Société philomatique, du Conseil de la Société d'Encourage-
ment etc.

OUVRAGE ADOPTÉ PAR LE CONSEIL ROYAL DE L'INSTRUC-
TION PUBLIQUE POUR L'ENSEIGNEMENT DANS LES ÉTA-
BLISSEMENS DE L'UNIVERSITÉ.

Les *Élémens de Physique et de Météorologie* se composent de
deux volumes in-8°, ayant chacun cinquante feuilles d'impres-
sion, et quinze planches en taille-douce.

Chaque volume a deux parties.

La première partie contient les Notions préliminaires, la Pesan-
teur et la Chaleur.

La deuxième: l'Attraction moléculaire, le Magnétisme, l'Électricité, le Galvanisme, l'Électro-Magnétisme et le Magnétisme
en mouvement.

La troisième: l'Acoustique et tous les phénomènes de la lumière jusqu'à la Polarisation.

Enfin la quatrième partie qui vient de paraître et qui termine
l'ouvrage contient la Polarisation de la Lumière et les Élémens de
la Météorologie.

L'auteur a pensé qu'il était nécessaire de faire entrer la Météorologie dans un cours complet de Physique Élémentaire, et de la
traiter séparément. On y trouvera les résultats de ses recherches
sur la Température de la Terre, sur la Chaleur Solaire et sur l'origine et la distribution de l'Électricité atmosphérique.

RICHARD. Nouveaux Élémens de botanique et de physiologie
végétale. 5.ᵉ édit. revue, corrigée et augmentée des caractères
des familles naturelles des plantes, ornée de 166 planches
intercallées dans le texte, représentant les principales modifications des organes des végétaux, etc. Paris, 1833. 1 fort vol.
in-8. papier satiné. 9 f.

M. Richard s'est efforcé de simplifier les élémens de la botanique; il en a élagué les vaines hypothèses et les détails fasti-
dieux. Comme cet ouvrage est principalement destiné à ceux qui
veulent se livrer à l'art de guérir, l'auteur ne leur a présenté que
les notions de cette science qui leur étaient à-peu-près indispen-
sables. Son travail consiste, 1.° dans la connaissance des organes
des végétaux; 2.° dans les modifications que peuvent éprouver ces
organes; 3.° dans le choix d'un système. Cette méthode simple et
facile est la meilleure que l'on puisse suivre; elle est le fruit de l'observation : employée pendant cinq ans par M. Richard, à l'école
pratique, elle attirait un nombre considérable d'élèves. C'est le
plus bel éloge que l'on en puisse faire.

ELÉMENS de PHYSIQUE EXPÉRIMENTALE, de chimie et de mi-
néralogie, suivis d'un abrégé d'astronomie, par JACOTOT,
proviseur du Lycée, et professeur d'anatomie à Dijon, etc.
2.ᵉ édit. totalement refondue et augmentée de plus d'un tiers.
Paris, 1805; 2 vol. in-8° et atlas in-4°. 15 f.

NOUVEAUX ÉLÉMENS DE PHYSIOLOGIE, par M. le baron
RICHERAND, professeur à la Faculté de médecine de Paris,
dixième édition, revue, corrigée et augmentée par l'auteur,
et par M. BÉRARD, professeur de Physiologie à la même Faculté. 3 volumes in-8°. Prix : 20 fr.

Les *Nouveaux élémens de Physiologie* de M. le professeur Richerand ont acquis une célébrité trop grande et trop justement
méritée pour avoir besoin des éloges obligés de toute réimpression
nouvelle. Annoncer une dixième édition de cet ouvrage, n'est-ce
pas d'ailleurs en proclamer l'excellence? N'est-ce pas là sa re-
commandation la plus honorable? Cependant la physiologie a été
enrichie, depuis plusieurs années, de découvertes nombreuses et
importantes; le désir de faire connaître la plupart des travaux
que les savans, tant français qu'étrangers, ont accomplis, a nécessité la création d'un troisième volume. Plusieurs théories
anciennes, qui n'étaient plus en rapport avec les connaissances
actuelles, ont été modifiées. Voici, au reste, les principales additions qui ont été faites à l'ouvrage :

Le chapitre de la digestion renferme une description plus étendue des alimens, de la faim; une analyse plus exacte de la salive,
d'après MM. Tiedemann et Gmelin, Leuret et Lassaigne; une
histoire complète des sucs gastriques, d'après les travaux des
physiologistes précités et ceux de MM. Prout, Stevens, Bos-
tock, etc., travaux d'après lesquels il est aujourd'hui permis

d'expliquer les célèbres expériences de Spallanzani sur les digestions artificielles, et les résultats si variés des auteurs qui les ont répétées ; les recherches intéressantes de l'influence du pneumogastrique sur la chimification, faites par MM. Leuret et Lassaigne, Magendie, Milne-Edwards, Vavasseur, Clarke, Brodie, Sédillot, Fourcade ; quelques additions au mécanisme du vomissement, d'après MM. Graves et Stockel, Béclard, Gerdy, etc.

Le chapitre de l'absorption a été entièrement refondu ; il comprend l'historique de cette fonction, la description des diverses espèces d'absorption soit normales, soit éventuelles, la théorie de M. Dutrochet sur l'endosmose, l'opinion de MM. Tiedemann et Gmelin sur la rate, considérée comme un ganglion lymphatique, etc.

Le chapitre de la circulation contient, 1.º des additions nombreuses à la description du sang, tirées des travaux de MM. Denis, Raspail, Donné, Lecamus, Barruel, Collard de Martigny ; 2.º les opinions de MM. Despine, Pigeaux, sur le système des battemens du cœur ; les expériences de M. Poiseuille sur la force de ses contractions ; celles de MM. Brodie, Treviranus, Flourens, Brachet, sur le principe de ses mouvemens ; 3.º les recherches curieuses de plusieurs Allemands, Dollinger, Wedmeyer, Bouordeu, Kaltenbrunner, Walther, Kook, sur la circulation capillaire ; celles de MM. Magendie, Barry, Bérard aîné, sur l'influence des mouvemens de la respiration sur le cours du sang, etc.

Le chapitre de la respiration est enrichi de l'exposition du système des nerfs respiratoires, d'après M. Ch. Bell, de nouvelles expériences sur les usages du nerf pneumo-gastrique.

La calorification renferme le résultat des observations faites par M. Edwards, sur la faculté de calorification dont sont doués les jeunes animaux à sang chaud ; selon qu'ils naissent avec les paupières collées ou libres, la pupille fermée ou non par la membrane pupillaire, etc.

Le chapitre des sécrétions renferme la découverte des canaux excréteurs de la sueur, par M. Eichorn, et les recherches de M. Chossat, sous le rapport de la composition de l'urine avec le régime alimentaire.

Le chapitre de la nutrition contient une discussion importante sur l'analogie qui existe entre la composition du sang et celle de chacun de nos tissus, sur la force de reproduction de nos organes, d'après les travaux de Homes, Blumenbach, Béclard, Elliottson, etc.

Les fonctions des organes des sens ont été décrites d'une manière beaucoup plus étendue ; les découvertes modernes de MM. Esser, Savart, Buchanan, sur les usages de diverses parties de l'oreille, celles de M. Desmoulins, etc., pour l'œil, de Ch. Bell, Elliottson, sur la peau, etc., ont été mises à profit. — Il en a été de même des travaux de MM. Rolando, Flourens, Bouillaud, Foville, et Pinel-Grand-Champ, Gall, Berlinghieri, etc., sur les fonctions des différentes parties de l'axe cérébro-spinal.

Le chapitre de la voix renferme les théories de MM. Cuvier, Dutrochet, Magendie, Malgaigne, Savart, etc., sur la phonation.

Nous ne pousserons pas plus loin ces citations; elles suffisent pour donner une idée des découvertes dont cette nouvelle édition est enrichie.

ÉLÉMENS (Nouv.) de PHYSIOLOGIE pathologique et exposé des vices de l'expérience et de l'observation en physiologie et en médecine ; par SURUN, docteur en médecine de la Faculté de Paris. *Paris*, 1824. 1 vol. in-8. 5 f.

ÉLÉMENS (Nouveaux.) de la SCIENCE, et de l'ART des ACCOU-CHEMENS, par MAYGRIER. 3.e édit. augmentée du Traité des maladies des femmes et de enfans. *Paris. Sous presse.*

Des deux ouvrages que M. le docteur Maygrier a publiés sur l'art des accouchemens, celui ci-dessus classé depuis longtemps parmi les livres élémentaires de médecine, sert journellement de guide à MM. les élèves dans l'étude de cette branche des sciences médicales.

ÉLÉMENS (Nouveaux) de THÉRAPEUTIQUE et de MATIÈRE MÉDICALE , par M. le baron ALIBERT, chevalier de plusieurs Ordres, professeur de matière médicale et de thérapeutique à la Faculté de médecine de Paris, médecin en chef de l'hôpital Saint-Louis. 5.e édit. revue, corrigée et considérablement augmentée. 3 forts vol. in-8. *Paris*, 1826. 25 fr.

L'auteur de cet ouvrage est le premier qui ait amené une réforme salutaire dans cette partie essentielle de l'art de guérir. C'est lui qui, le premier, a appelé la physiologie au secours de la thérapeutique, a appuyé les bases fondamentales de celle-ci sur la doctrine des forces vitales, et a montré la nécessité d'avoir égard aux causes des maladies pour l'administration des remèdes. On lui doit encore d'avoir substitué à une foule d'expressions barbares et surannées un langage clair et précis.

Ce livre n'est pas moins nécessaire aux nombreux élèves qui suivent les cours que son auteur fait à l'École de Médecine, et qui ont besoin de bien se pénétrer de sa méthode , qu'à tous les praticiens qui aiment à se rappeler souvent les vérités d'une science qui est le but unique de toutes leurs études, de toutes leurs veilles, ou, pour mieux dire, le complément de leur art.

La cinquième édition se recommande particulièrement, par les additions importantes que l'auteur a jugées nécessaires et auxquelles ont concouru plusieurs chimistes et botanistes célèbres de la capitale, et notamment MM. Clarion , Pelletier, Caventou, etc.

ÉLÉMENS de BOTANIQUE médicale et hygiénique à l'usage des Élèves vétérinaires ; par F. J.-J. RIGOT, chef des travaux anatomiques à l'École vétérinaire d'Alfort, *Paris*, 1831, 1 vol. in-8° br. 4 fr.

ÉLOGES historiques de ROUSSEL, SPALLANZANI et GALVANI, composés pour la Société Médicale de Paris, par ALIBERT, chevalier de plusieurs Ordres, professeur de matière médicale, etc. ; suivis d'un discours sur les rapports de la médecine avec les sciences physiques et morales. *Paris*, 1806, 1 vol. in-8. 6 f.

Ces trois éloges sont trois chefs-d'œuvre. L'auteur y a fait preuve de connaissances littéraires très-étendues ; il a donné à toutes ses pensées, de la lumière, du coloris et de l'expression. Il a su, avec un art admirable, saisir les traits caractéristiques de chacun des personnages qu'il a peints ; il a répandu sur ses tableaux tout le charme d'un style élégant, harmonieux, et rempli d'images de la plus grande beauté.

M. Alibert a une manière d'envisager le panégyrique qui n'appartient qu'à un esprit supérieur ; il évoque pour ainsi dire, le mort de sa tombe, et nous le montre tel qu'on l'a rencontré dans la société, avec toute sa physionomie, toutes les couleurs de son esprit, toutes les dispositions de son ame.

ERREURS (des) POPULAIRES relatives à la médecine ; par M. le baron RICHERAND, professeur à la Faculté de médecine de Paris, chirurgien en chef de l'hôpital St-Louis, chirurgien-consultant du Roi, chevalier de ses Ordres, etc., etc. 2.ᵉ dit. *Paris*, 1812, in-8. br. 6 f.

Quoique l'on ne croie pas aujourd'hui ni aux sorciers, ni à la vertu des amulettes, il est encore un très-grand nombre d'erreurs, de préjugés dont les gens du monde, et peut-être aussi quelques médecins, ont de la peine à se défaire, et qui ne sont pas seulement ridicules, mais presque toujours plus ou moins dangereux.

Il appartenait à un médecin éclairé, à un véritable philosophe, et surtout à un écrivain aussi sévère qu'élégant, de combattre ces hypothèses absurdes, qui, reçues et transmises d'âge en âge, finissent par acquérir un certain degré d'autorité, et deviennent funestes à l'humanité.

ESSAI sur le POULS, par HENRI FOUQUET, professeur honoraire de l'école de médecine de Montpellier, etc. nouv. édition. *Montpellier*, 1818. in-8. fig. br. 4 . 50 c.

ESSAI sur les VÉSICATOIRES, par H. FOUQUET, professeur, etc., nouv. édit. *Montpellier*, 1818 in-8. fig. br. 1 f. 50 c.

ESSAI sur la NUTRITION du FOETUS, par LOBSTEIN. *Strasbourg*, 1802, in-8. fig br. 6 f.

ESSAI sur la FIÈVRE BILIOSO-ADYNAMIQUE des grands ANIMAUX, par VIRAMOND. *Paris*, 1824, in-8. 1 f.

EXAMEN MÉDICAL des SYMPATHIES ou EXPÉRIENCE physiologique sur la valeur de ce mot, par LAMBERT. vol. in-12. 2f.

2..

EXAMEN MÉDICAL des procès criminels des nommés Léger, Feldtmann, Lecouffe, Jean-Pierre et Papavoine, dans lesquels l'aliénation mentale a été alléguée comme moyen de défense, suivi de quelques considérations médico-légales sur la liberté morale ; par le doct. GEORGET, membre de l'Académie royale de médecine, etc. 1 vol. in-8. ; br.   3 f. 50 c.

EXERCICE (De l') de la MÉDECINE EN FRANCE, des moyens de l'améliorer et de l'étendre au domicile du pauvre ; par M. MÉNISSIER, doct.-médecin. 1 vol in-8 1825. *Paris.*   2 f.

EXPOSITION précise de la NOUVELLE DOCTRINE MÉDICALE ITALIENNE, ou Considérations pathologico-pratiques sur l'inflammation et la fièvre continue ; par TOMMASINI, professeur de clinique à teras à l'université de Bologne ; traduit de l'italien par J. T. L. *Paris,* 1821, 1 vol in-8.°   5 f.

L'importance de la question qui occupe aujourd'hui le monde médical sur la nature de l'inflammation et l'essentialité des fièvres, rend cet ouvrage utile aux médecins qui suivent de bonne foi les progrès de la science médicale et qui s'efforcent d'en reculer les bornes par leurs recherches pratiques basées sur l'observation la plus rigoureuse et éclairées par les notices de l'anatomie pathologique.

EXPOSITION d'un cas remarquable de maladie cancéreuse avec oblitération de l'aorte et réflexions en réponses aux explications données à ce sujet par M. BROUSSAIS, par VELPEAU. *Paris*, 1825, in-8° br.   2 f.

F.

FORMULAIRE de POCHE ; par M. RICHARD, professeur à la Faculté de médecine de Paris, aide-naturaliste au Muséum d'histoire naturelle, etc., etc. 6.e édition, augmentée d'un grand nombre de formules nouvelles et des substances alcalines végétales, telles que la quinine, la morphine, l'émétine, la strychnine, l'iode, etc., et d'un tableau de tous les contrepoisons en général, des préparations et de l'emploi de plusieurs nouveaux médicamens. *Paris,* 1834. 1 vol. in-32. Imprimé sur papier vélin.   2 f. 50 c.

D'après toutes les réformes introduites depuis plusieurs années dans l'administration des médicamens, nous ne devons plus attacher autant d'importance aux formulaires qui se distinguent par le nombre des recettes. Le petit ouvrage de M. Richard, à l'abri de ce reproche, n'offre réellement au médecin qu'un tableau bien coordonné des formules les plus accréditées par l'expérience et dont l'usage est presque devenu spécifique.

G.

GUIDE pour l'étude de la Clinique médicale, ou Précis de Séméiotique, etc. ; par DANCE, agrégé à la Faculté de médecine de Paris, etc. un fort vol. in-18. *Paris*, 1834.   4 fr.

GYMNASTIQUE MÉDICALE, ou l'Exercice appliqué aux organes de l'homme, d'après la loi de la physiologie, de l'hygiène et de la thérapeutique, etc , par CH. LONDE, docteur en médecine de la Faculté de Paris, membre de la Faculté de médecine-pratique, etc., etc. *Paris* 1821, in-8.   4 f. 50 c.

H.

HERBIER de la FRANCE, Dictionnaire de botanique; histoire des champignons et des plantes vénéneuses et suspectes de la France; par BULLIARD. *Paris*, 1780 1793, 7 vol. in-folio, fig. coloriées. Il n'en reste plus que 25 exemplaires, parfaitement complets. Cartonné à la Bradel.   350 fr.

  Relié en basane, filet.   400 fr.
  Et en feuilles.   300 fr.

HIPPOCRATIS APHORISMI. Gr. et lat. ; edente LEFEBVRE DE VILLEBRUNE ; 1779, in-12, br.   2 fr.

HISTOIRE de la CHIRURGIE depuis son origine jusqu'à nos jours, par PEYRILHE. Paris, 1780. in-4. br.   10 f.

HISTOIRE des MARAIS, et des MALADIES causées par les émanations des eaux stagnantes; par MONFALCON, médecin de l'Hôtel-Dieu de Lyon, membre du conseil de salubrité du département du Rhône, etc., etc.

  Ouvrage qui a obtenu le grand prix mis au concours par la Société Royale des Sciences, etc. 2e édition, revue, corrigée et considérablement augmentée, *Paris*, 1826 in-8.°   7 f. 50 c.

HISTOIRE NATURELLE et MÉDICALE des différentes espèces d'ipécacuanha du commerce ; par RICHARD. 1 vol. in-4. fig.   3 f. 50c.

HISTOIRE des PROGRÈS RÉCENS DE LA CHIRURGIE; par M. le baron RICHERAND, chirurgien en chef de l'hôpital Saint-Louis, professeur d'opérations de chirurgie à la Faculté de médecine de Paris, etc. *Paris*, 1825. in-8. br.   6 f.

HISTOIRE d'une RESECTION DES COTES et de la PLÈVRE; par RICHERAND. *Paris*, 1818, in-8.   1 f. 50 c.

Cette opération, la plus hardie peut-être qui ait jamais été pratiquée, dont les fastes de l'art n'offrent aucun exemple, et qui a été suivie d'un succès complet, est un beau témoignage en faveur de la supériorité de la chirurgie française, et fait preuve non-seulement de l'habileté, mais encore du génie de celui qui l'a conçue et exécutée.

On lira donc avec le plus grand intérêt cette petite brochure, où l'auteur a émis quelques idées nouvelles sur le traitement de l'hydropisie du péricarde.

HISTOIRE de la MEDECINE depuis son origine jusqu'au 19ᵉ siècle; par KURT SPRENGEL; trad. par JOURDAN, doct. en médecine de la Faculté de Paris. *Paris* 1815 et 1820, 9 vol. in-8. br.   40 f.

Il est de ces ouvrages, dans les sciences, qui réunissent tant d'opinions diverses, qui enlèvent tant de suffrages, qu'on ne saurait rien dire de nouveau pour en faire l'éloge. Tout le monde ne sait-il pas en effet, que l'auteur, le plus savant bibliographe médical qui ait paru, nous a donné l'histoire la plus complète de la médecine, enrichie des beautés du style et des faits les plus curieux? Vouloir connaître la médecine depuis son origine jusqu'à nos jours, sans suivre pas à pas *Sprengel*, c'est vouloir étudier les maladies de la peau sans Alibert; la médecine sans Pinel; la chirurgie sans Boyer et Richerand; les poisons sans Orfila.

I.

INDUCTIONS physiologiques et pathologiques sur les différentes espèces d'excitabilité et d'excitement; par L. ROLANDO, professeur d'anatomie en l'université royale de Turin, médecin par quartier du Roi de Sardaigne, etc. : trad. de l'ital. par A.-J.-L. JOURDAN; et F.-J. BOISSEAU, docteur en médecine de la Faculté de Paris. *Paris*, 1822, in-8. br.   4 f.

Afin de faire mieux sentir au lecteur l'importance du traité du grand physiologiste, M. Rolando, les traducteurs présentent dans leur introduction un exposé rapide des idées fondamentales de *Brown*, de *Bordeu*, de *Bichat* et de M. *Broussais*, et indiquent d'une manière claire et concise, l'état actuel de la théorie et de la pratique médicales en France. A la suite de l'ouvrage se trouvent quatre tableaux, dont le premier indique les différentes espèces d'excitabilité et d'excitement, et les trois suivans, les tableaux physiologiques et pathologiques, 1.º du système nerveux; 2.º de l'appareil alimentaire; 3.º du système vasculaire.

INSTITUTIONES MEDICÆ; par SPRENGEL. *Mediolani*, 1816. 11 vol. in-8. broc.   35 fr.

J.

JOURNAL UNIVERSEL DES SCIENCES MÉDICALES, par MM. BOISSEAU, BROUSSAIS, CHAUSSIER , DUPUYTREN , etc. Collection complète depuis l'origine du journal , en 1816, jusques et compris l'année 1821 , 6 années formant 24 vol. in-8. plus la table analytique et alphabétique des matières.

Chaque année séparée, composée de 12 cahiers ou 4 vol. in-8.   ·5 f.

Un cahier séparé.   2 f.

La table.   2 f.

Possesseur du petit nombre de collections complètes restantes de ce journal , nous nous empressons de l'offrir à un prix très-modéré , pour donner la facilité aux abonnés de se compléter à peu de frais, ce qui sans doute déterminera un grand nombre de gens de l'art à se procurer un recueil qui doit être considéré comme offrant le tableau le plus complet des progrès de la médecine en France depuis sept ans.

L.

LEÇONS de MÉDECINE LEGALE ; par M. ORFILA , professeur et doyen à la faculté de médecine de Paris , professeur de médecine légale à l'ancienne Faculté, président des jurys médicinaux , médecin par quartier du Roi , membre de l'Acad. roy. de méd., etc. 2ᵉ édit. revue, corrigée et augmentée. *Paris* , 1828. 3 forts vol. in-8°. br. et Atlas (*Le 3ᵉ vol. contient les poisons*) 24 f. 50 c.

L'Atlas composé de 26 planches , dont 7 coloriées, se vend séparément.   4 f.

Sans attacher beaucoup d'importance aux diverses classifications proposées jusqu'à ce jour pour décrire les objets dont se compose l'étude de la médecine légale , M. le professeur Orfila , dans l'ouvrage remarquable qu'il vient de publier , s'est contenté , sous le titre de Leçons , de nous donner une solution complète des diverses questions médico-légales dont le recueil forme en entier une science devenue si importante aujourd'hui.

Après avoir indiqué d'une manière générale les règles qui doivent servir de base à la rédaction des rapports , des certificats et des consultations médico-légales , ainsi que les parties qui composent chacun de ces actes , il traite successivement des âges dans les diverses périodes de la vie , de l'identité , de la défloration , du viol, du mariage, de la grossesse , de l'accouchement , des naissances tardives et précoces , de la superfétation , de l'infanticide, de l'avortement , de l'exposition , de la substitution , de la suppression

et de la supposition de part, de la viabilité du fœtus , de la pater-
nité et de la maternité, des maladies simulées, imputées, des qualités intellectuelles et morales, de la mort, de la survie, de l'asphyxie, des blessures et de l'empoisonnement.

LETTRES A UN MEDECIN de PROVINCE , ou Exposition critique de la doctrine médicale de M. Broussais ; par MIQUEL ,
membre de l'Académie royale de médecine , des sociétés de
médecine et pharmacie de Paris , etc. , etc. 2.ᵉ édition *Paris.*
·826. in-8₄ br.   7 f. 5o c.

L'ONANISME , dissertation sur les maladies produites par la mas-
turbation , nouvelle édition considérablement augmentée ; par
TISSOT. *Paris*, 1826, in-12 br.   1 f. 5o c.

M.

MALADIES (des) des FEMMES EN COUCHES ; par WEST, docteur en médecine, ancien interne de première classe des hôpitaux de Paris, et de la Maison d'accouchement, etc. , etc.
Paris , 1825, in-8ᵘ   2 f.

MANUEL de CHIMIE MEDICALE ; par JULIA-FONTENELLE,
professeur de chimie médicale , commissaire-examinateur de
la marine pour le service de santé, etc., etc. 1 vol.in-12 de
600 pages, *Paris*, 1824.   6 f. 5o c.

Dans un volume de 600 pages , M. Julia a rassemblé tout ce
qu'il importe à un médecin de connaître en Chimie. Il s'est surtout
attaché à développer tout ce qui peut contribuer à faciliter l'étude
de la chimie médicale : aussi les articles *calorique*, *électricité*, *eaux
minérales*, *etc.*, y sont présentés avec beaucoup d'ordre et de développement.

Cet ouvrage est un de ceux qui sont le plus au courant des découvertes modernes, et dont ne peuvent se passer MM. les élèves
qui se préparent aux 3.ᵉ et 4.ᵉ examens.

MANUEL d'ANATOMIE DESCRIPTIVE DU CORPS HUMAIN , représentée en planches lithographiées ; par JULES CLOQUET,
chirurgien en chef de l'hôpital St-Antoine , professeur à la
Faculté de médecine, etc., etc. *Paris* , 1826-1831. 56 livraisons. In-4°. fig. noires.   210 f.
Figures coloriées ,   392 f.

MANUEL (Nouveau) D'ANATOMIE DESCRIPTIVE , d'après les
cours de MM. Béclard, Bérard , Blandin, Breschet, Cruveilhier, Hipp. et J. Cloquet, Gerdy, Lisfranc et Velpeau. *Paris,*
1 vol. in-18 br. et satiné.   5 f. 5o c.

MANUEL de l'OCULISTE, ou Dictionnaire ophthalmologique, par DE WENZEL, médecin oculiste. *Paris* 1818. 2 vol. in-8°, avec 24 planches en taille douce. 12 f.

MANUEL du PHARMACIEN, ou Précis élémentaire de Pharmacie, etc. ; par CHEVALLIER, pharmacien chimiste ; et IDT, pharmacien. 2 forts vol. in-8°, 2.me édit. considérablement augmentée. Prix, 16 fr.

Le second volume contient les formules et les planches.

Les auteurs ont, dans cette édition, apporté tous les changemens que nécessitaient les progrès des sciences pharmaceutiques. Pour répondre au désir des pharmaciens, ils y ont ajouté un très-grand nombre de formules ; sans adopter la nouvelle nomenclature pharmaceutique ils ont fait connaître, 1° la nomenclature de M. Chérau et ses modifications, 2° celle donnée tout récemment par M. Béral.

Tous les pharmaciens et médecins doivent lire avec attention cet ouvrage utile pour la pratique. La clarté, la précision et l'abondance des matières contenues dans son cadre, font de cet ouvrage un excellent Traité de Pharmacie qui sera toujours consulté avec fruit.

MANUEL MÉDICO-CHIRURGICAL ; ou Élém. de médecine et de chirurgie pratique ; par AUTHENAC. 2.e édit., augmentée d'un Traité complet des fièvres, et d'un Tableau des différentes classes des médicamens. *Paris*, 1821, 2 vol. in-8. br.

De tous les médecins qui se sont occupés à nous donner des abrégés sur diverses parties de la médecine, M. le docteur Authenac est celui qui a le mieux réussi à réunir sous un moindre volume et d'une manière complète, l'étude des élémens de la pathologie médicale et chirurgicale.

Les élèves s'en servent avec beaucoup d'avantage pour se préparer aux second et cinquième examens ; il devient tous les jours d'une utilité indispensable aux hommes de l'art auxquels une pratique très-multipliée ne permet pas de consulter un grand nombre d'ouvrages.

— *Id.* Atlas médico-chirurgical, *Paris*, 1814, in-fol. br. 5 f.

MANUEL POPULAIRE DE SANTÉ à l'usage des personnes qui vivent à la campagne, ou Instructions sommaires sur les maladies qui régnent le plus souvent et les moyens les plus simples de les traiter ; suivies de notions chirurgicales et pharmaceutiques ; par MARIE DE SAINT-URSIN, docteur en médecine, ancien premier médecin de l'armée du nord, et Inspecteur général du service de santé des armées, etc., etc., etc. 1 vol. in-8. *Paris*, 1818. 5 f.

Cet ouvrage est suivi d'une Synonymie des anciennes mesures de capacité avec les nouvelles.

MEDECINE EXPECTANTE , contenant les maladies fébriles, les maladies inflammatoires et la matière médicale, par VITET. *Lyon* , 1803. 6 vol. in-8.   36 f.

MÉDECINE OPÉRATOIRE , par R.-B. SABATIER, chirurgien en chef de l'Hôtel-des-Invalides, professeur à la Faculté de médecine de Paris, nouvelle édition faite sous les yeux de M. le baron DUPUYTREN , chirurgien en chef de l'Hôtel-DIEU, professeur à la Faculté de médecine de Paris :

Par L.-J. SANSON, chirurgien en second à l'Hôtel-Dieu, docteur en chirurgie et agrégé à la Faculté de médecine de Paris , etc. , et J.-L. BEGIN , docteur en médecine, chirurgien en second à l'hôpital militaire du Val-de-Grâce. *Paris* , 1832, 4 vol. in-8.   28 f.

La médecine opératoire de Sabatier, ouvrage extrêmement recommandable, laissait, sous quelques points de vue, beaucoup à désirer. MM. Begin et Sanson, sous la direction de M. le Baron Dupuytren, en en donnant une nouvelle édition , ont pensé que des généralités sur les opérations et les pansemens seraient d'une grande utilité, non-seulement pour les élèves , mais encore pour les praticiens ; en indiquant les nouveaux procédés , et l'emploi de ces procédés , ils ont placé cet ouvrage au niveau de la science , et l'ont rendu indispensable aux élèves, et en général à toutes les personnes qui s'occupent de l'art de guérir.

MEMOIRES et PRIX de l'Acad. Royale de chirurgie , nouv. édit. entièrement conforme à l'édition originale. Elle se distingue des précédentes par des notes qui indiquent les progrès de la science depuis la publication de l'ouvrage. On a donné à celle que nous annonçons tous les soins possibles pour qu'elle soit très-correcte ; et pour rendre les recherches plus faciles , on a placé à la fin du dernier volume une table alphabétique des noms des auteurs , ainsi qu'une table des matières qui sont traitées dans cette collection justement renommée.

« L'histoire, si glorieuse pour la chirurgie, a dit M. le professeur Richerand , est renfermée toute entière dans le recueil des Mémoires et des Prix de l'Académie Royale de chirurgie, livre indispensable, et dont on ne saurait trop constamment méditer les diverses portions. »

Prix br. 45 f.; rel. en 10 vol. 58 f. ; cartonné à la Bradel 54 f.; broché satiné   48 f.

MÉMOIRE sur l'existence et la disposition des VOIES LACRYMALES DANS LES SERPENS ; par J. CLOQUET, chirur. en chef à l'hôpital St.-Antoine, etc., etc. , etc. *Paris*, 1821, in-4. fig. br.   2 f.

MEMOIRE sur les FRACTURES PAR CONTRE-COUP de la MACHOIRE SUPÉRIEURE, par Jules CLOQUET. *Paris* , 1820 , in-8. fig. br.   1 f. 50 c.

Le nom de M. Jules Cloquet devient si recommandable par ses travaux en anatomie, en physiologie, en chirurgie, qu'on ne saurait trop faire l'éloge des écrits qui sortent de sa plume.

MEMORIA sulla legatura delle principali arterie degli arti con una appendice all'opera sull'aneurisma, par SCARPA. *Pavia*, 1817, in-4. 9 f.

MOYENS (Des) de PARVENIR A LA VESSIE PAR LE RECTUM ; par H.-J. SANSON, docteur en chirurgie de la Faculté de Paris, chirurgien en second de l'Hôtel-Dieu, etc. ; suivis d'un Mémoire sur la méthode d'extraire la pierre de la vessie urinaire; par A.-V. BERLINGHIERI, professeur de clinique chirurgicale à l'Université impériale et royale de Pise, etc. *Paris*, 1821, in-8. fig. br. 3 f. 50 c.

N.

NOSOGRAPHIE et THERAPEUTIQUE chirurg., par M. le baron RICHERAND, chirurgien en chef de l'hôpital Saint-Louis, professeur d'opérations de chirurgie à la Faculté de médecine de Paris, etc. 5ᵉ édit. *Paris*, 1821, 4 vol. in-8 fig. br. 28 f.

On vendra *séparément* les figures pour les personnes qui ont les précédentes éditions de la Nosographie, ou tout autre ouvrage du même genre. 5 f.

Cet ouvrage, qui jouit d'une si grande renommée, est en effet un des meilleurs livres classiques que nous ayons. L'auteur y a rassemblé un grand nombre d'idées nouvelles, qui sont exposées avec une rare sagacité, développées et soutenues avec une excellente dialectique. Il a prouvé, jusqu'à l'évidence, qu'il est absurde de vouloir distinguer les maladies qui affectent le corps humain, en internes et externes, et que la chirurgie est le complément de l'art de guérir, plutôt qu'une science à part, étrangère au médecin proprement dit.

Sa classification des affections pathologiques en lésions physiques, organiques et vitales, est tout-à-fait lumineuse et basée à la fois sur la nature, l'expérience et la raison, c'est-à-dire qu'elle sera toujours vraie, toujours neuve.

Ses descriptions sont faites avec autant de clarté que de méthode, ses préceptes thérapeutiques basés non pas sur de vaines théories, mais sur la connaissance exacte des lois de l'organisme, et ses procédés opératoires tracés avec un talent éminemment pratique.

Les gravures qui sont jointes à cette cinquième édition, et à l'aide desquelles on peut facilement juger de quelle manière il faut s'y prendre pour procéder à telle ou telle opération, du lieu où elle doit être pratiquée de préférence, et enfin la route que parcourt l'instrument, ajoutent encore à l'utilité d'un ouvrage aussi important, et qui a placé son auteur au premier rang parmi les maîtres de l'art.

NOSOGRAPHIE MÉDICALE, ou élémens de médecine-prat., etc. par AUTHENAC. Tome 1.er *Paris* 1824, in-8. br. 8 f. 50 c.
Première livraison du 2e vol., 3 f. 10 c.

Il y aura 2 livraisons à paraître pour former le 2e vol. et dernier de l'ouvrage.

Quoique les ouvrages de M. Authenac soient très-répandus, nous ne saurions assez les recommander, parce qu'il est peu de médecins qui aient écrit avec autant de candeur, n'ayant pour but que l'intérêt de la science. Personne mieux que lui n'a combattu l'esprit de système qui bouleverse tout, et éloigne de la médecine hippocratique à laquelle l'auteur doit la réputation qu'il s'est faite à Châteaudun, où il exerce avec une habileté remarquable.

NOSOLOGIE NATURELLE, ou les maladies du corps humain distribuées par familles, par ALIBERT. Cet ouvrage sera composé de 2 vol. grand in-4., sur papier vélin satiné, avec fig. magnifiquement coloriées. Chaque vol. sera de 110 fr. pour les souscripteurs, et de 130 fr. pour les non souscripteurs.

Le 2.e vol. de cet important ouvrage, qui a été adopté comme classique dans plusieurs universités de l'Europe, est sous presse.

NOTICE sur la MALADIE QUI RÈGNE EPIZOOTIQUEMENT sur les CHEVAUX, par GIRARD. 3e édit. *Paris*, 1825, in-8. 1 f. 50 c.

NOUVEAU TRAITÉ sur les Hémorrhagies de l'utérus; d'ÉDOUARD RIGBY et de STEWART-DUNCAN, avec 124 Observations tirées de la pratique des deux auteurs; traduit de l'angl. accompagné de notes; par Mme veuve BOIVIN, etc. *Paris*, 1813. 1 vol. in-8. br. 6 f. 50 c.

O.

OBSERVATIONS sur les AFFECTIONS CATARRHALES en général; par CABANIS. 2.e édition. *Paris*, 1813, in-8. br. 2 f.

Les catarrhes, ou inflammations des membranes muqueuses, forment une grande partie des affections auxquelles notre corps est sujet. Ils attaquent l'homme dans tous les âges, et à toutes les époques de la vie.

Si le plus ordinairement ces maladies se terminent par la guérison, il n'est pas rare qu'elles deviennent funestes, soit à cause de la violence de leurs symptômes, soit par leur passage à l'état chronique.

Une bonne monographie sur les catarrhes est donc un livre éminemment utile, un véritable bienfait pour l'humanité? Tout le monde lira celui-ci avec le plus grand intérêt; les vieillards sur-tout, qui sont les plus exposés aux affections catarrhales, et principalement à celles du poumon, y trouveront des conseils aussi sages qu'utiles, non-seulement pour guérir, mais encore pour prévenir un mal dont ils sont si fréquemment atteints.

OBSERVATIONS sur la nature et le traitement des MALADIES DU FOIE ; par M. le baron PORTAL, premier médecin du Roi, etc. *Paris*, 1813, in-4°.　　　　　　　　　　　10 f.

Parmi les nombreux et bons ouvrages dont le professeur Portal, le patriarche de la médecine française, a enrichi la science, il faut distinguer entre autres celui-ci. C'est là qu'on apprendra à bien connaître les maladies du foie, à ne plus les confondre avec d'autres affections dont les symptômes sont plus ou moins semblables, et à leur opposer un traitement, sinon toujours efficace, du moins constamment rationnel. Il n'est pas un praticien qui ne veuille avoir dans sa bibliothèque cet excellent traité et ne désire en posséder un du même genre sur toutes les maladies.

OEUVRES de CAMPER qui ont pour objet l'Histoire naturelle, la Physiologie et l'Anatomie comparée. *Paris*, 1823. 3 vol. in-8 et atlas.　　　　　　　　　　　　　　　　　30 fr.

OEUVRES CHIRURGICALES d'Astley COOPER ; trad. de l'angl. par G. BERTRAND. *Paris*, 1822, 2 vol. in-8. fig. br.　　14 f.

On ne peut réellement parler de chirurgie anglaise, sans prononcer le nom d'Astley Cooper ; c'est donc un véritable service rendu à la science que de mettre à la portée de tout le monde les OEuvres d'un chirurgien Anglais qui n'a pas peu contribué aux progrès de cette partie de l'art de guérir, chez nos voisins.

OEUVRES COMPLETES de BORDEU, méd. de la Fac. de Paris, contenant des Recherches sur les glandes, les crises, le pouls, les écrouelles, la colique métallique, l'Histoire de la médecine, le tissu muqueux, les maladies chroniques et les articulations des os de la face, l'analyse médicale du sang, etc., précédées d'une Notice sur sa vie et sur ses ouvrages, par M. le chevalier RICHERAND, professeur à la Faculté de Médecine de Paris, etc., et terminées par une Table alphabétique des matières. *Paris*, 1818, 2 vol. in-8. br. imprimés par Crapelet.　　14 f.

Le plus bel éloge que l'on puisse faire des ouvrages de Bordeu, c'est de dire qu'ils ont été pour les Vicq-d'Azyr, les Barthez, les Bichat, les Hallé, les Richerand, les Alibert, les Broussais et autres médecins célèbres, une source féconde d'idées sublimes qui, développées par eux, ont exercé une influence immense sur l'art de guérir, et sont devenues autant de vérités fondamentales, autant de principes immuables, desquels il n'est plus permis de s'écarter dans l'étude de la science.

Mais tout ce qu'a publié cet illustre auteur était épars, en forme de mémoires, dont plusieurs même manquaient au commerce, lorsque M. le professeur Richerand eut l'heureuse pensée de les réunir en un corps d'ouvrage qui forme deux volumes, à la tête desquels il a placé une notice sur la vie et les œuvres de Bordeu ; notice qui est écrite avec cette chaleur, cette élégance qui est propre à l'auteur des Élémens de physiologie. C'est donc à lui que tous ceux qui se destinent à la médecine ou la pratiquent déjà, doivent l'avantage inappréciable de pouvoir méditer, consulter les productions d'un

physiologiste profond , d'un excellent anatomiste , d'un praticien
habile , d'un homme de génie enfin , à qui l'Ecole de Paris doit
son illustration , et l'art de guérir son perfectionnement.

OEUVRES DIVERSES de médecine-pratique de PUJOL , avec
additions par M. F. G. BOISSEAU. *Paris* , 1822, 4 vol. in-8. 15 f.

Cet ouvrage, quoique ancien, méritait de fixer l'attention des
médecins modernes par rapport au rapprochement qui existe avec
les principes de la nouvelle doctrine physiologique. M. le docteur
Boisseau , en le faisant connaître de nouveau , n'a eu d'autre inten
tion que celle de faire mieux apprécier par les élèves et les praticiens
les nouvelles découvertes du professeur Broussais , et de rendre à
un ancien médecin toute la part de gloire qu'il mérite à nos yeux.

OEUVRES de VICQ-D'AZYR , recueillies et publiées par MO-
REAU. *Paris* , 1805 , 6 vol. in-8. et atlas br.   48 f.

OEUVRES de médecine pratique par Tu. SYDENHAM. Nouvelle
édit., revue et augmentée de notes par M. BAUMES , professeur
à la Faculté de médecine de Montpellier. 2 vol. in 8.   12 fr.

OPERA omnia medicorum græcorum, opera quæ extant , per
GALIEN. Editionem curavit D. Carolus Gottlob KUHN.
Lipsiæ , 1821-1826 , tomes 1 à 12.   240 f.

ORTHOPÉDIE (Nouv.) ou Précis sur les difformités qu'on peut prévenir ou corriger dans les Enfans, par F.-F. DESBORDEAUX,
docteur en médecine, et membre de la société de médecine
Paris , 1805 , in-18 br.   2 f.

Les législateurs d'Athènes , qui vouaient inhumainement à la
mort tous les enfans qu'une mauvaise constitution semblait con-
damner à n'être jamais qu'un fardeau pour l'état, ont excité l'indi-
gnation de tous les peuples civilisés ; mais nous , qui avons la préten-
tion d'apporter dans nos mœurs, dans nos institutions , la philan
thropie la plus éclairée , sommes-nous beaucoup moins cruels
qu'eux , quand nous abandonnons à eux-mêmes ces êtres faibles et
atteints de difformités , ces infortunés qui , hors d'état de remplir
leurs devoirs sociaux , ne peuvent même pas pourvoir à leur propre
conservation ?

M. Desbordeaux écrit sur les difformités , de manière à en faire
sentir toute l'importance : il a victorieusement combattu cette opinion erronée des gens du monde , qui consiste à regarder comme
incurables tous les défauts de conformation.

Il a donné des règles de traitement dont la pratique est moins
difficile qu'on pourrait le croire, et depuis la publication de son
ouvrage, MM. Divernois et Bricheteau ont formé à Paris un établissement où l'on voit tous les jours ces sortes de guérisons. On ne
saurait mieux se convaincre de leur possibilité, que dans celui du
docteur Maisonabe , agrégé en exercice à la Faculté. Il semble réunir en effet toutes les conditions favorables ; une exposition des plus
salubres de Paris, une distribution des mieux entendues, les longs
et pénibles travaux du fondateur qui l'ont mis au rang des praticiens les plus habiles sur les difformités , tout dans cet établissement concourt à prouver la vérité des assertions émises par
M. Desbordeaux.

P.

PHYSIOLOGIE des PASSIONS , ou nouvelle Doctrine des senti-
mens moraux par M. le baron ALIBERT, chevalier de plusieurs Ordres , professeur de matière médicale et de thérapeutique à la Faculté de médecine , médecin en chef de l'hôpital
Saint-Louis. 2ᵉ édit. 2 vol. in-8°. imprimés sur papier fin,
ornés de 14 belles gravures. *Paris*, 1827.　　　　16 fr.

La plupart des philosophes modernes appliquant aux sciences
morales l'esprit de système qu'on admire avec raison dans les
sciences exactes , ont cherché à établir sur un fait unique tous
les phénomènes du cœur humain. C'est ainsi que La Rochefoucauld
croyait trouver dans l'amour-propre, le principe de toutes nos
actions ; Hobbes et Helvétius le plaçaient dans l'intérêt person-
nel ; le docteur Hutcheson , à l'exemple des platoniciens, explique
tout par la bienveillance; Adam Smith attribue tout à la sym-
pathie.

L'auteur de la Physiologie des Passions a reconnu , dans l'économie animale, quatre instincts primitifs , ou lois fondamentales
qui régissent tous les corps vivans, et dont il fait découler toutes
les passions , ou si l'on veut tous les états de l'ame affectée; ces
quatre instincts sont : *l'instinct de conservation, l'instinct d'imitation , l'instinct de relation, et l'instinct de reproduction.*

Ainsi , l'ouvrage est divisé en quatre sections, dont les deux
premières forment le premier volume, et les deux autres le second.

Première section. L'instinct de conservation est sans contredit
le premier dont la nature ait gratifié l'homme , et tous les êtres
qui partagent avec lui le bienfait de la vie; il prédomine chez
l'enfant qui se porte par un mouvement naturel, vers le sein de sa
nourrice ; il se manifeste chez le sauvage, dont l'industrie étonne
souvent l'homme civilisé ; il se montre chez les animaux , et quelquefois avec une supériorité capable d'humilier notre superbe
raison; il se fait admirer jusques dans les plantes dont plusieurs
donnent des signes frappans de prévoyance et de sensibilité. C'est
donc une loi générale de la nature, et une loi immuable qu'atteste
de mille manières le spectacle de l'univers.

L'auteur fait voir quelles passions naissent de cet instinct de
conservation ; il en trace le caractère et les effets, avec une habileté remarquable ; l'égoïsme , l'avarice, l'orgueil, sont considérés
sous un rapport nouveau ; le courage est présenté comme le plus
noble produit de cet instinct, soit qu'il enflamme l'ardeur guer-
rière, ou qu'il inspire le zèle religieux , soit qu'il soutienne le
zèle du magistrat dans ses devoirs, ou le philosophe dans sa résignation.

Le charme des récits vient quelquefois se mêler à des observations pleines d'intérêt , les anime, et les met en quelque sorte en
action. Ici par exemple, on trouve l'histoire de ce *pauvre Pierre,*
que la nature seule avait fait éloquent et philosophe, et qui, dans
l'asile du malheur, préchait à ses compagnons la résignation et le
stoïcisme, avec un succès dont les témoins étaient émerveillés , et

dont la célébrité franchissant cette triste enceinte, s'est répandue jusques dans les brillans salons de la capitale.

L'auteur de la Physiologie des passions s'est livré assez fréquemment à l'attrait des épisodes; mais il en a varié les formes, et les a toujours parfaitement adaptés au sujet. C'est ainsi que dans cette première partie, un excellent article sur l'intempérance considérée dans ses divers rapports avec l'instinct de conservation, est encore développé et embelli par un dialogue entre Épicure et Pythagore, où les doctrines de ces deux philosophes sont très-bien exposées; cette manière empruntée aux sages de l'antiquité qui conversaient avec leurs disciples, est peut-être la plus ingénieuse, et la plus utile pour répandre l'instruction.

Deuxième section. Après avoir prouvé que l'instinct d'imitation est une loi primordiale du système sensible, qu'elle influe sur l'économie et le perfectionnement des corps vivans, que tous les êtres y sont soumis, qu'elle est inhérente à leur organisation, l'auteur nous fait connaître les merveilleux phénomènes de cette loi d'imitation, chez les individus, chez les peuples, et dans le monde entier qui ne paraît à ses yeux qu'un grand et magnifique spectacle d'imitation mutuelle.

Cette faculté se développe chez l'homme avec tant de facilité et de promptitude, elle dirige si habituellement ses actions morales et intellectuelles, que quelques métaphysiciens l'ont regardée comme un véritable sens moral.

C'est d'elle que sont nées l'émulation, si utile aux progrès de l'esprit humain, à la gloire des nations, au perfectionnement de l'ordre social; l'ambition qui produit les événemens les plus glorieux, et les plus épouvantables catastrophes; l'envie qui s'afflige de tous les biens et se réjouit de tous les maux, passion également funeste à ceux qui l'éprouvent, et à ceux qui en sont l'objet.

Les tableaux que présente cette seconde section, sont animés par deux épisodes, dont l'un a pour titre la *Servante romaine*, et l'autre le *Nouveau Diogène*, ou le *Fou ambitieux*.

Troisième section. L'instinct de relation est cette loi qui détermine les hommes à se réunir en société; elle est dans la nature qui nous a faits sociables, parce qu'elle nous a faits faibles et dépendans; notre bonheur est donc attaché à ce penchant qui nous fait mettre en commun nos besoins, nos moyens, nos affections, lie notre intérêt à l'intérêt général, et dispose nos cœurs à l'humanité. On a dit avec raison que le méchant seul pouvait s'éloigner de la société; cependant cette aversion se manifeste quelquefois dans des cœurs vertueux; alors il faut la considérer comme une maladie.

L'instinct de relation produit sans doute des passions haineuses, le mépris, la vengeance, l'amour de la guerre si féconde en malheurs; mais par une compensation bien avantageuse, nous lui devons aussi la bienveillance, l'estime, l'amitié, l'admiration, la pitié; en traitant de cette dernière affection qui honore la grandeur, adoucit toutes les infortunes, se mêle à nos plaisirs, et s'associe aux bienfaits de la religion, notre auteur amène un épisode fort intéressant : c'est le tableau touchant et animé de la peste qui désola Ville-Franche de l'Aveyron, en 1628; il nous montre la pitié opérant plus de prodiges que tous les secours de l'art; il consacre à la publique admiration, la conduite héroïque de son illustre compatriote le magistrat Pomairols.

Quatrième et dernière section. L'instinct de reproduction est relatif à la conservation de notre espèce; c'est encore une loi primordiale du système sensible; le développement de cette loi conduit l'auteur à de hautes considérations sur les moyens employés par la nature pour assurer la perpétuité de ses œuvres, sur l'étonnante variété de ses modes de reproduction, et sur les mystères que sa sagesse interdit à notre pénétration. Car ce sujet ne présente que des faits épars, et désespère souvent notre téméraire curiosité.

Le but moral de cet ouvrage, sur lequel tout est dirigé dans les différentes parties qui le composent, a inspiré une foule de détails précieux, peu susceptibles d'analyse, et qu'on trouvera avec plaisir dans les chapitres sur l'amour conjugal, l'amour maternel, l'amour paternel, l'amour filial, dont les titres annoncent assez l'importance.

On lira surtout avec le plus grand intérêt l'épisode philosophique qui termine si agréablement l'ouvrage; c'est le banquet de Plutarque avec sa famille; le tableau des mœurs domestiques est peint ici avec tout le charme de son antique simplicité.

PHYSIOLOGIE D'HIPPOCRATE, par DELAVAUD : extraite de ses œuvres. *Paris*, 1802, in-8.   5 f.

PHYSIOLOGIE POSITIVE, par FODÉRÉ. *Avignon*, 1806, 3 vol. in-8. br.   12 f.

PHYSIOLOGIE VÉGÉTALE, ou EXPOSITION des forces et des fonctions vitales des végétaux, etc.; par M. DECANDOLLE, professeur d'histoire naturelle, président de la Société des arts de Genève, etc., etc. 3 vol. in-8. *Paris*, 1832.   20

PORTRAIT de BÉCLARD, sur grand papier in-folio,   2 f.

PORTRAIT de BÉCLARD, en petit in-8. avec la notice historique par M. le docteur OLLIVIER d'Angers.   1 f. 75 c.

POLICE JUDICIAIRE PHARMACO-CHIMIQUE, par REMER, docteur en médecine, professeur à l'université de Kœnigsberg, directeur de l'Institut chimique. *Paris*, 1816, in-8. br.   6 f. 50 c.

Non-seulement le médecin doit avoir une connaissance parfaite de la nature des alimens dont les hommes font un usage journalier, afin de pouvoir leur indiquer ceux qui conviennent à leurs dispositions, ou qui sont contraires à leur tempérament, mais encore il ne doit rien ignorer de ce qui a rapport à la sophistication, à l'altération dont ces substances sont susceptibles, afin d'être à même de prévenir ou de combattre les accidens auxquels leur ingestion dans l'estomac peut donner lieu.

Le docteur Remer a traité ce sujet avec beaucoup de talent, et son ouvrage a eu un très-grand succès en Allemagne. Ses traducteurs, MM. Bouillon-Lagrange et Vogel, en y ajoutant des notes, l'ont encore rendu plus utile aux médecins, et surtout aux pharmaciens, qui y puiseront de sages instructions sur la meilleure manière de préparer les remèdes et de les conserver.

PRÉCIS sur les EAUX MINÉRALES de FRANCE les plus usitées,

par M. le baron ALIBERT, chevalier de plusieurs Ordres, professeur de matière médicale et de thérapeutique à la Faculté de médecine de Paris, médecin en chef de l'hôpital St-Louis. 1 fort vol. in-8. Paris 1826. 8 f.

PRECIS ANALYTIQUE du CROUP, de l'ANGINE COUENNEUSE et du traitement qui convient à ces deux maladies, par J. BRICHETEAU, médecin du 4ᵉ dispensaire, membre-adjoint de l'Acad. roy. de médecine, etc,, etc., etc. ; précédé du rapport sur les mémoires envoyés au Concours sur le croup, établi par le gouvernement en 1807, par ROYER-COLLARD, professeur à la Faculté de médecine, et médecin en chef de la Maison des aliénés de Charenton, etc. *Paris*, 1826, in-8° 5 f.

PRECIS théorique et pratique sur les MALADIES de la PEAU, par M. le baron ALIBERT, chevalier de plusieurs Ordres, professeur à la Faculté de médecine de Paris, médecin en chef à l'hôp. St-Louis, etc. 2.ᵉ édit. *Paris*, 1822, 2 vol. in-8, br. 14 fr.

Cet ouvrage a été publié dans l'intérêt des élèves et de quelques médecins qui ne pourraient pas se procurer celui qui paraît par livraisons, et qui est d'un prix assez élevé. Il ne sera pas seulement d'une grande utilité à ceux qui veulent suivre les cours de M. Alibert, mais encore à tous les praticiens éloignés de la capitale, qui ont besoin d'apprendre à bien connaître une des parties les plus intéressantes de leur art, d'approfondir les règles relatives au traitement des maladies cutanées, qui sont si nombreuses et si variées.

PRECIS de MEDECINE OPERATOIRE, par LISFRANC, chirurgien en chef de l'hospice de la Pitié, agrégé à la Faculté de médecine, membre de l'acad. roy. de méd. de Paris. 2 vol. in-8°, avec un atlas. *Sous presse.*

L'Auteur fait abstraction, dans cet ouvrage, de toute espèce d'érudition inutile au Praticien : il réunit, dans les deux volumes, les méthodes et les procédés opératoires nouveaux et usités, compare leurs avantages et leurs inconvéniens, et indique le choix qu'il croit que l'on en doit faire. M. Lisfranc, dont les mémoires ont montré une si grande exactitude dans la description du Manuel opératoire, a toujours eu soin de faire précéder la description des opérations par l'anatomie chirurgicale des parties. Les travaux d'Organogénésie de M. Serres ont fourni à l'Auteur ces vues toutes nouvelles, dont on peut juger par les travaux que M. Lisfranc a déjà publiés. La chirurgie ministrante, ou petite chirurgie, est traitée dans l'ouvrage que nous annonçons, avec tous les soins minutieux qu'elle exigeait. Les Praticiens y trouveront aussi des vues pathologiques très-importantes. MM. Ziegler et Amblard, prosecteurs de M. Lisfranc, ont été chargés de la confection des dessins qui formeront un atlas volumineux : il serait inutile de parler de leur exactitude garantie par la connaissance exacte qu'ont des parties ces deux Aides distingués.

PLAN D'ÉTUDES MÉDICALES, ou GUIDE DE L'ÉLÈVE EN MÉ-
DECINE, contenant des renseignemens sur les formalités à remplir sur les cours, les hôpitaux, l'internat aux écoles pratiques,
la direction à donner aux études, depuis la première inscription
jusqu'au grade de docteur en médecine ou en chirurgie, une notice bibliographique, etc., etc.; par M. M**, docteur en médecine, ancien interne des hôpitaux. 1 vol. in-18. *Paris*, 1834.
2 f. 50 c.

R.

RAPPORTS du PHYSIQUE et du MORAL de l'HOMME, par CA-
BANIS. 4ᵉ ed. revue et augmentée de notes par E. Pariset,
secrétaire perpétuel de l'Académie royale de Médecine. *Paris*,
1824, 2 vol. in-8.; imprimé sur papier fin satiné. 14 f.

Dans cet ouvrage l'auteur a recherché, non point quelle était
la nature du principe qui anime les corps vivans, mais bien de
quelle manière agit ce principe pour produire la vie avec toutes ses
conséquences. Locke, Condillac, et leurs disciples, ont prouvé
que toutes nos idées sont le produit des sensations. Cabanis a
montré comment les sensations produisent les idées; il a dévoilé
les rapports qui existent entre l'organisation physique de l'homme
et ses facultés intellectuelles et morales.

Cet écrit est un des plus beaux morceaux de haute philosophie
que nous ayons.

RAPPORTS et CONSULTATIONS de médecine-légale, par RISTEL-
HUEBER. *Paris* 1812, in-8. br. 2 f. 50 c.

RECHERCHES et EXPERIENCES médicales et chimiques sur le
diabète sucré, lues à l'Institut national, dans la séance du 14
fructidor, et suivantes de l'an X, par NICOLAS, associé de
l'Institut national, professeur de chimie aux écoles centrales du
Calvados :

Et Victor GUEUDEVILLE, docteur en médecine à Caen, br. in-8.
1 f. 25.

RECHERCHES sur les différentes maladies qu'on appelle FIÈVRE
JAUNE, par J.-A. ROCHOUX, agrégé à la Faculté de médecine, médecin-adjoint au 5ᵉ dispensaire, etc., etc. *Paris*, 1828.
1 fort vol. in-8ᵉ. 8 f.

RECHERCHES sur la FIÈVRE JAUNE, et preuves de sa non-con-
tagion dans les Antilles, par ROCHOUX. *Paris*, 1822, in-8.
6 f.

Pour pouvoir se former une idée exacte de l'ouvrage de M. le
docteur Rochoux sur la fièvre jaune, les lecteurs doivent satisfaire
complètement leur curiosité en lisant le rapport de MM. Duméril
et Guersent fait à l'Académie royale de médecine.

La maladie dont il est traité dans cet ouvrage n'étant pas encore
suffisamment éclairée, nous pouvons, en nous étayant de l'opi-

nion de MM. les rapporteurs, avouer à juste titre que M. Rochoux est un des Médecins qui ont le plus approché du but. Les faits nombreux et bien observés qu'il contient, contribueront en second lieu à mieux faire connaître l'une des épidémies désignées aux Antilles, sous le nom de fièvre jaune.

RECHERCHES sur les HYDROPISIES, par BACHER. In-8.° br.
6 f.

RECHERCHES, discussions et propositions d'anatomie, de physiologie, de pathologie, etc., sur la langue, le cœur et l'anatomie des régions, etc., par GERDY. *Paris*, 1823, in-4.° ng.
3 f. 50 c.

Offrir aux médecins, aux savans, aux philosophes, des remarques pleines d'intérêt sur des points extrêmement variés, qui attestent les connaissances multipliées de l'auteur; renfermer dans le cadre étroit d'une dissertation, un mémoire sur l'alphabet des différentes nations, considérées sous les rapports physiologiques et philosophiques; un tableau complet de toutes les connaissances humaines, rangées d'après une base nouvelle de classification; une description exacte de la structure du cœur, et de la langue de l'homme et des animaux; une esquisse de l'anatomie des régions; une nouvelle exposition de la circulation du sang; un système de nosologie fondé sur des vues nouvelles : tel est le but qui se trouve rempli dans cet ouvrage.

RECHERCHES anatomico-pathologiques sur l'ENCEPHALE et ses dépendances, etc., par F. LALLEMANT, professeur de clinique chirurgicale à la Faculté de méd. de Montpellier, chirurgien en chef de l'hôpital civil et militaire de la même ville, etc., etc.

Le nom de ce profond observateur se trouve déjà tellement illustré par ses recherches, qu'on ne saurait faire un pas dans les affections de l'encéphale sans l'invoquer.

Lettres 1.e, 2e, 3e 4e, 5e, 6e, 7e et 8e.   24 f.
Chaque lettre séparément.   3 f. 25 c.
La 9e est sous presse.

RECHERCHES anatomiques sur le siège et les causes des maladies, par MORGAGNI : précédées d'une Notice sur la vie et les ouvrages de l'auteur, par TISSOT ; trad. du latin sur les édit. de Padoue et d'Yverdun par DESORMEAUX, professeur à la Faculté de méd. de Paris, membre de l'acad. roy. de médecine, etc. et J.-P. DESTOUET, doct. de la Faculté de méd. à Paris, *Paris*, 1821 à 1824. 10 vol. in-8°.   60 f.

Quoique cet ouvrage soit terminé, il est offert en souscription aux personnes qui désirent se le procurer ; elles auront la facilité de prendre un ou deux volumes par mois. La moitié du deuxième volume contient les tables de tout l'ouvrage.

Plus que jamais on est convaincu aujourd'hui que l'anatomie pathologique est non-seulement une science très-importante; mais encore d'une indispensable nécessité pour parvenir à la connaissance exacte des maladies. L'ouvrage que nous annonçons ici est bien, sans contredit, le plus remarquable et le plus instructif, tant sous le rapport des nombreuses observations qu'il contient, qu'à cause de la sagacité du jugement de l'auteur, de son immense érudition, et des grandes difficultés vaincues. Peut-on former une bibliothèque de médecine, sans y mettre Morgagni?

MM. Desormeaux et Destouet ont rendu par conséquent un très-grand service à la science en le traduisant en français. C'était le seul moyen d'en rendre la lecture et plus générale et plus profitable, car le style quelquefois diffus de Morgagni ajoute encore à l'espèce de fatigue qu'il y a toujours à lire un livre écrit en latin, et en rend l'intelligence très-difficile.

RECHERCHES sur une maladie encore peu connue, qui a reçu le nom de ramollissement du cerveau, par ROSTAN, professeur de médecine clinique à la Faculté de médecine de Paris. *Paris*, 1823. 2.ᵉ édit. in-8. br.   7 f.

RECHERCHES physiolog. sur la VIE et la MORT; par BICHAT, 5.ᵉ édition, augmentée de notes par M. Magendie, membre de l'Institut et de l'Académie royale de Médecine.
Paris, 1830, in-8. br.   6 f. 50 c.

M. Le docteur Magendie a rendu un grand service à la science en donnant pour la seconde fois une nouvelle édition de l'ouvrage de Bichat. Aujourd'hui, qu'il est devenu classique et que sa réputation ne peut plus croître, il était utile de le mettre à la portée des étudians pour les mettre en garde contre les écueils dans lesquels l'imagination de l'auteur l'a entraîné, et qui sont d'autant plus à craindre que, pour convaincre, Bichat a déployé tous les prestiges de son style animé.

Tel a été le but des notes jointes à cette édition, que l'on a cherché en outre à mettre au niveau des connaissances actuelles.

RECHERCHES sur la nature des FIÈVRES à périodes, par F.-E.

RECHERCHES sur l'APOPLEXIE par ROCHOUX. 2ᵉ édit. revue, corrigée et considérablement augmentée. *Paris*, 1833.   7 fr.

FODERÉ, professeur à la Faculté de Strasbourg. 1 vol. in-8.
                                                        3 f.

RECUEIL de Médecine vétérinaire publié par M. Girard, professeur à l'École royale vétérinaire, etc., Royer Collard, professeur à la Faculté de médecine de Paris, etc., Vatel, A. Yvart, professeurs à l'École royale d'Alfort; Grognier, Rainard et Moiroud, professeurs à l'École royale vétérinaire de Lyon.
        1ʳᵉ, 2ᵉ, 3ᵉ, 4ᵉ et 5ᵉ années.   50 f.

Toutes les années se vendent séparément, chacune.   13 f.

RECUEIL anatomique, à l'usage des jeunes gens qui se destinent à l'étude de la chirurgie et de la médecine, etc.; par Chaussier, professeur à la Faculté de médecine de Paris, etc. in-4.ᵒ fig.   15 f.

RÈGLES GÉNÉRALES sur la LIGATURE des ARTÈRES, par TAXIL.
Paris, 1822, in-4., fig. br   2 f.

RÉTRÉCISSEMENS (Des) de l'URÈTRE ; par M. LISFRANC, chirurgien en chef de l'hospice de la Pitié, agrégé à la Faculté de méd., membre de l'Acad. roy. de méd. de Paris. *Paris*, 1824. 1 vol. in-8. fig. br.   3 f. 50 c.

Les rétrécissemens de l'urètre, par le docteur Lisfranc, forment un ouvrage si pratique, si dégagé de vaines théories, et en même temps si concis, qu'il est peu de praticiens auxquels il n'ait fourni des vues nouvelles.

S.

SECOURS à donner aux personnes empoisonnées ou asphyxiées, par M. ORFILA, prof. et doyen à la Faculté de médecine, professeur de médecine légale à l'ancienne Faculté, président de Jurys médicinaux, médecin par quartier du Roi, membre de l'Académie roy. de médecine, etc. 4ᵉ édit. corrig. et aug. Paris, 1830, in-12 br.   3 f. 50 c.

L'ouvrage de M. le professeur Portal relatif à ce sujet, ne pouvait plus servir de guide pour le traitement des personnes empoisonnées ou asphyxiées. Il appartenoit à M. Orfila de le reproduire en le mettant au niveau des connaissances actuelles d'après les progrès de la chimie moderne. Le plus heureux succès en a couronné l'entreprise, et nous ne saurions trop en recommander l'usage à tous les médecins, chirurgiens, pharmaciens et autres personnes qui se trouvent appelées par leurs fonctions administratives à secourir les malades.

SOLITUDE (La) considérée relativement à l'esprit et au cœur ; par ZIMMERMANN, conseiller aulique et médecin de Sa Maj. Britannique. Ouvrage trad. de l'allem. par MERCIER. 3.ᵉ édition. *Paris*, 1817, 2 vol. in-12 br.   5 f.

Cet ouvrage a été analysé de son temps avec les plus grands éloges : en l'annonçant de nouveau c'est rappeler au nouveau souvenir des lecteurs le nom d'un médecin illustre qui par l'élégance de son style, la solidité de ses pensées jointe à la pureté de ses intentions, a fait passer des momens bien salutaires à ceux qui ont eu occasion de le méditer.

SULL'ERNIE, adizione secunda. par SCARPA. *Pavia*, 1819, gr. in-f.°   60 l.

SYLLOGE opusculorum selectorum, par BRERA. *Ticini*, 1797. 10 vol. in 8. (très-rare).

SYSTÈME physiq. et moral de la FEMME, par ROUSSEL, suiv. du système physique et moral de l'homme, et d'un fragment sur la sensibilité, etc., par ALIBERT. 6.ᵉ édit. *Paris*, 1820, in-8. fig. br.   7 f.

Rien ne prouve mieux tout l'intérêt de cet ouvrage que la rapidité avec laquelle ses nombreuses éditions se sont épuisées.

En effet, ce sujet, déjà si attrayant par lui-même, a été traité par le docteur Roussel avec toute la finesse d'esprit, toute la pénétration et toute la sensibilité qu'il exigeait ; et si les goûts, les passions, les mœurs et les habitudes de la femme y sont tracés avec une grâce infinie, la peinture physique et morale de l'homme ne laisse non plus rien à désirer sous le double rapport de la profondeur des pensées et de l'élégance du style. Qui ne lira avec le plus grand intérêt l'éloge de l'auteur, par le professeur Alibert son élève et son ami, qui, saisissant les traits caractéristiques de Roussel, nous en a donné le vrai portrait moral.

T.

TABLE chronologique et alphabétique des thèses in-8° soutenues à l'École de Médecine de Paris, dirigée par P. SUE professeur bibliothécaire de l'École. in-8° prix 2 f.

TABLE analytique et raisonnée du Traité des Maladies chirurgicales de M. le baron Boyer. *Paris*, 1828. in-8° br.   3 f. 50 c.
Les personnes qui possèdent l'excellent ouvrage de M. le baron Boyer s'empresseront de se procurer cette Table qui en est le complément nécessaire.

TABULÆ nevrologicæ, par SCARPA. gr. in-fol., fig.   120 f.

TABLEAU analytique de la FLORE PARISIENNE, par BAUTIER, d'après la méthode adoptée dans la Flore française de MM. de LAMARCK et DE CANDOLLE, etc. 2.me édition, corrigée et augmentée *Paris*. ·02· 1 ·6···   4 f.

TABLEAUX SYNOPTIQUES de CHIMIE, par FOURCROY. ·· etc. in-f°.   6 f.

TRAITÉ des **EXHUMATIONS JURIDIQUES**, et considérations sur les changemens physiques que les cadavres éprouvent en pourrissant dans la terre, dans l'eau, dans les fosses d'aisance et dans le fumier, par M. ORFILA, professeur et doyen de la Faculté de Médecine de Paris, professeur de médecine légale à l'ancienne Faculté, Président de Jurys médicinaux, Médecin ordinaire de sa Majesté, membre de l'Académie royale de médecine, etc. O. LESUEUR, D.-M., agrégé à la Faculté de médecine de Paris, etc. 2 volumes in-8° orné de 5 planches, dont 4 coloriées. Paris, 1831.   10 f. 50 c.

TRAITÉ ÉLÉMENTAIRE de matière médicale vétérinaire, suivi d'un formulaire pharmaceutique raisonné etc. par M. MOIROUD, professeur de matière médicale à l'École royale vétérinaire d'Alfort etc. un fort volume in 8° Paris, 1831.   8 f.

TRAITÉ des FIEVRES pernicieuses intermittentes, par ALIBERT, chevalier de plusieurs Ordres, professeur à la Faculté de médecine de Paris, médecin en chef à l'hôpital Saint-Louis, etc. 5.e édit. *Paris*, 1820, in-8. fig. br.   7 fr.
La découverte de l'efficacité du quinquina dans le traitement des fièvres pernicieuses intermittentes suffirait seule pour attester

le pouvoir de la médecine, et lui assurer parmi les sciences exactes un rang qui lui a été trop souvent contesté.

C'est encore à M. Alibert qu'était réservée la gloire de répandre un grand jour sur cette matière. Son Traité, dont la 5.e édition donne la description de plusieurs variétés de fièvre pernicieuse non encore reconnues par les nosologistes, et qui contient un grand nombre de recherches nouvelles sur l'histoire physique du quinquina, est le seul guide dont le praticien puisse se servir dans des circonstances aussi difficiles, où la vie de ses malades dépend de la justesse de son diagnostic, et de sa promptitude dans l'administration des médicamens.

TRAITÉ des MALADIES CHIRURGICALES, et des opérations qui leur conviennent, par J. L. PETIT, membre de l'Acad. roy. des sciences de Paris, de la Société royale de Londres, ancien directeur de l'Académie royale de Chirurgie, censeur et professeur Royal des Ecoles, etc. 3 volumes in-8° orné de 90 planches. Prix   15 f.

TRAITÉ des Maladies des ARTÈRES et des VEINES; par HODGSON. Trad. de l'angl. et augmenté d'un grand nombre de notes par M. G. BRESCHET, D.-M. Paris, 1819, 2 vol. in-8. br. 13 f.

Cet ouvrage est du nombre de ceux que l'on rencontre dans toutes les bibliothèques, tant son importance a frappé les médecins et les chirurgiens qui ont voué une éternelle reconnaissance à l'auteur, dont le zèle infatigable pour l'humanité et la science ne s'est jamais démenti.

Celui qui se trouve annoncé ici a été traduit de l'anglais par M. le professeur Breschet, et mérite d'être lu et étudié. Ce chirurgien distingué ne s'est pas contenté de faire une simple traduction, il y a ajouté des notes et un long article sur l'inflammation des veines. Enfin, dans l'appendice, au lieu des observations qu'avait mises M. Hodgson et qui se trouvent maintenant placées dans les chapitres auxquels elles appartiennent naturellement, M. Breschet l'a composé de plusieurs histoires d'opérations importantes pratiquées en Angleterre ou en Amérique, et dont la publication toute récente ne lui avait pas permis de les insérer dans le corps de l'ouvrage.

TRAITÉ RAISONNÉ du JAVART cartilagineux, par M. RENAULT professeur à l'École Royale vétérinaire d'Alfort, etc. un volume in-8° fig. Paris, 1831.   3 f. 50 c.

TRAITÉ (nouveau) sur les HÉMORRHAGIES de L'UTÉRUS, d'Édouard RIGBY et de Stewart DUNCAN, avec 124 observations tirées de la pratique des auteurs. Traduit de l'Anglais accompagné de notes, par M.me BOIVIN, auteur du mémorial de l'art des accouchemens, ancienne élève, ex-surveillante en chef de l'Hospice de la Maternité, gratifiée de la médaille du mérite civil de Prusse. br. in-8°   6 f.

TRAITÉ sur les GASTRALGIES et les ENTÉRALGIES, ou Maladies nerveuses de l'estomac et des intestins, par BARRAS, docteur en médecine de la Faculté de Paris, médecin des prisons. 1 vol. in-8°. *Paris*, 1829, 3ᵉ édit. revue, corrigée et considérablement augmentée.   7 f. 50 c.

TRAITÉ de la SANGSUE MÉDICALE, par VITET.. *Paris*, 1809 in-8.°   6 f.

TRAITÉ sur la nature et le traitement de la PHTHISIE pulmonaire, par BONNAFOX-DE MALLET. 1 vol. in-8. br.   5 f.

L'importance et l'activité des fonctions départies à l'organe pulmonaire donnent la mesure de la fréquence et de la gravité de ses altérations pathologiques. De là aussi la grande quantité d'ouvrages qui ont été publiés sur ce sujet, les recherches nombreuses qui ont été faites pour pénétrer la nature de la phthisie pulmonaire, et lui opposer le meilleur traitement possible.

TRAITÉ d'anatomie descriptive, par M. CRUVEILHIER, professeur d'anatomie à la Faculté de médecine de Paris, etc. Paris, 1834. 3 vol. in-8.   20 fr.

TRAITÉ des CONVULSIONS chez les enfans et sur les moyens d'y remédier, par BRACHET, médecin de l'Hôtel-Dieu de Lyon, membre correspondant de la société de médecine et de la société d'émulation, etc. *Paris*, 1824. In-8;   6 f.

TRAITÉ de Médecine légale et d'Hygiène publique etc., par F.-E. FODERÉ, prof. à la Faculté de Strasbourg. 6 vol. in-8.   42 f.

TRAITÉ de la GRAVELLE, du calcul vésical et des autres maladies qui se rattachent à un dérangement des fonctions des organes urinaires, par W. PROUT; traduit de l'ang. par MORGUES. *Paris*, 1822, in-8. br.   5 f.

TRAITÉ de l'AGE du CHEVAL; par GIRARD, directeur de l'Ecole royale vétérinaire d'Alfort. 1 vol. in-8. orné de deux planches représentant l'âge du cheval depuis sa naissance jusqu'à 22 ans. *Paris*, 1828.   2 f. 50 c.

TRAITÉ des FIEVRES, par GRIMAUD. *Montpellier*, 3 vol. in-8.
                                                                      8 f.

TRAITÉ de la MALADIE MUQUEUSE, par ROEDERER et WAGLER, mis au jour par WRISBERG; trad. du latin par LEPRIEUR. *Paris*, 1806, in-8. br.   5 f.

TRAITÉ des ARTICULATIONS du CHEVAL; par F.-J.-J. RIGOT, chef des travaux anatomiques à l'ecole roy. vétérinaire d'Alfort. *Paris*, 1827, in-8.   2 f. 50c.

TRAITÉ élémentaire de diagnostic, de pronostic, d'indications thérapeutiques, ou Cours de Médecine clinique, par ROSTAN, professeur de la médecine clinique à la Faculté de médecine de Paris, 3 vol. in-8. 2ᵉ édit. revue, corrigée et augmentée. *Paris*, 1830.   23 f.

TRAITÉ d'ODONTOLOGIE, comprenant l'anatomie et la physiologie des dents, la description de leurs maladies et des opérations qu'elles réclament, etc., par OUDET. 1 fort vol. in-8.°
fig. (*Sous presse*).

TRAITÉ sur la nature et le traitement de la GOUTTE et du RHU-
MATISME, par SCUDAMORE. Traduit de l'Anglais sur la
dernière édition, augmenté d'un long mémoire sur l'emploi
des bains de vapeurs dans les maladies goutteuses et rhumatismales, avec des planches représentant tous les appareils de l'Hôpital St.-Louis, etc. *Paris.* 1823, 2 vol. in-8.   12 f.

« La médecine, a dit Sydenham, ne fera des progrès qu'en
recueillant l'histoire ou la description exacte et complète de toutes
les maladies, en basant dessus une méthode fixe du traitement »
C'est en suivant ce précepte que Ch. Scudamore est parvenu à nous
donner un Traité complet sur la nature et le traitement de la
goutte et du rhumatisme, renfermant des considérations générales
sur l'état morbide des organes digestifs, des remarques sur le re-
gime et des observations pratiques sur la gravelle. M. le docteur
Goupil l'a augmenté d'une addition contenant les principes de la
nouvelle doctrine médicale de M. le professeur Broussais sur la
goutte. Tels sont les détails instructifs et utiles que contient
l'ouvrage que nous annonçons et qui occupe le premier rang parmi
les ouvrages en ce genre.

TRAITÉ théorique et pratiq. de l'HYDROCÉPHALE AIGUE, où Fièvre
cérébrale des enfans, par BRICHÉTEAU, D.-M. ; suivi d'une collection choisie d'observations, et de la traduct. de l'Essai de Robert
Whytt, sur cette maladie, etc. 1 vol. in-8. *Paris*, 1829.   4 f. 50 c.

TRAITÉ de CHIMIE appliquée aux arts ; par M. DUMAS, répétiteur à l'école polytechnique , professeur fondateur à l'école centrale des arts et manufactures, professeur de chimie à l'Athénée,
etc , etc. , etc. Cet ouvrage formera 5 vol. in-8 de 700 à 800 pages.
Il sera accompagné d'un atlas de planches in-4 gravées en taille-
douce, chacun au nombre de 14 à 16.

Les tomes I, II , III et IV sont en vente ; le V° est sous presse et
paraitra le 1.er avril prochain. Prix de chaque volume et de son
atlas ,   12 fr.

On souscrit pour cet ouvrage.

V.

VAN SWIETEN. Commentaria in HERMANNI BOERHAAVE Apho-
rismos, de cognoscendis et curandis Morbis. Editio tertia. *Pari-
siensis*, 1769 , 5 vol. in-4°, br.   25 f.

VOCABULAIRE MÉDICAL, etc., par HANIN ; suivi d'un Dic-

tionn. biographique des médecins célèbres. *Paris*, 1811, in-8.
br.   6 f.

Trouver tant de choses en aussi peu de pages est, pour le moment
qui court, une espèce de nouveauté. Sans doute les dictionnaires
ne nous manquent pas; mais tous ne sont point également clairs,
également précis. D'ailleurs, leur prix, qui est toujours en raison
directe de leur prolixité, est souvent beaucoup trop élevé pour que
tout le monde puisse ou veuille se les procurer.

Celui-ci réunit au premier degré la clarté et la précision, qualités qui font le principal mérite des ouvrages de ce genre; on y
trouve, à côté des définitions exactes et rigoureuses de tous les termes employés en médecine, le nom de tous les médecins qui ont
illustré leur art, et l'indication des principaux ouvrages qu'ils ont
publiés; le cadre en est infiniment commode, et le bon marché le
met à la portée de tous les lecteurs.

JOURNAUX DE MÉDECINE

ET DES SCIENCES ACCESSOIRES (1834).

Le prix, pour l'étranger, est le double du port indiqué
pour les départemens.

*Abonnement pour un an, à partir de janvier ;
12 cahiers par an.*

ARCHIVES GÉNÉRALES DE MÉDECINE ;

JOURNAL COMPLÉMENTAIRE DES SCIENCES MÉDICALES.

Journal publié par une Société de Médecins, composée
de Membres de l'Académie royale de Médecine, de
Professeurs, de Médecins et de Chirurgiens des Hôpitaux civils et militaires, etc.

Lors de la publication des ARCHIVES GÉNÉRALES DE MÉDECINE, les
Éditeurs se sont abstenus de placer en tête de leur Journal une
liste de noms plus ou moins célèbres ; ils n'auraient fait que reproduire celle que l'on voit, composée des mêmes noms, sur la cou-
verture de chaque Journal de médecine. Ils avaient en vue de publier
un Recueil purement scientifique, ouvert à tous les travaux utiles, à tous
les faits intéressans, à toutes les opinions raisonnables, indépendant de
toute espèce d'influence étrangère à l'intérêt de la science ; ils voulaient,
d'ailleurs, que les médecins jugeassent cette entreprise d'après ses propres résultats : tels furent les motifs qui engagèrent les Rédacteurs des
Archives à faire paraître ce Journal sans indiquer les personnes qui
devaient y insérer leurs travaux. Mais aujourd'hui nous pouvons les
faire si ce moyen doit inspirer plus de confiance aux lecteurs.

Les Auteurs qui jusqu'ici ont fourni des travaux aux ARCHIVES, ou
se sont engagés à en fournir, sont MM. : ADELON, profess. à la Fac.
de Méd. ; ANDRAL fils, prof. à la Fac. ; BABINET, prof. de phys. :
BÉCLARD, prof. à la Fac. ; BLACHE, D. M. : BRETT, méd. de l'hôpital
Saint-Louis : BILLARD ; D. M. : BLANDIN, chir. du Bureau cent.
des hôpit. : BOUILLAUD, D.-M. : BOUSQUET, memb. de l'Acad. :

BRESCHET, chir. ordinaire de l'Hôtel-Dieu : BRICHETEAU, memb.
de l'Acad. : CHOMEL, prof. à la Fac. : J. CLOQUET, chir. de l'hôp.
St.-Louis : H. CLOQUET, memb. de l'Ac. : COSTER, D.-M. : COUTAN-
CEAU, méd. du Val-de-Grâce : CRUVEILHIER, professeur à la Fac. :
CULLERIER, chir. de l'hôp. des Vénér. : DANCE, agrégé à la Fac.,
DEFERMON, D.-M. : DESMOULINS, D.-M. : DESORMEAUX, prof. à la Fac. :
DEZEIMERIS : P. DUBOIS, chir. de la Maison de Santé : DUDAN :
D.-M. de la Fac. de Wurtzbourg : DUMERIL, memb. de l'Inst. ; DUPUY-
TREN, chirurg. en chef de l'Hôtel-Dieu ; EDWARDS, D.-M. : ESQUIROL,
méd. en chef de la maison d'Aliénés de Charenton : FERRUS, méd. de
Bicêtre : FLOURENS, D.-M. : FODERA, D.-M : FOUQUIER, prof. à
la Fac. : GENEST, D. M., chef de clin. à l'Hôtel-Dieu : GEOFFROY-
SAINT-HILAIRE, membre de l'Institut : GEORGET, memb. de l'Acad. :
GERDY, chirurg. de la Pitié : GOUPIL, D.-M. attaché a l'hôp. milit.
de Strasbourg : GUERSENT, méd. de l'hôp. des Enfans : DE HUM-
BOLDT, membre de l'Institut : HUSSON, méd. de l'Hôtel-Dieu.
ITARD, méd. de l'Institution des sourds-muets : JULIA FONTE-
NELLE, prof. de chimie : LAENNEC, prof. à la Fac. : LAGNEAU :
memb. de l'Acad. : LALLEMAND, prof. à la Faculté de Montpel-
lier : LANDRÉ-BEAUVAIS, Doyen de la Fac. : LEBIDOIS, D.-M.,
LISFRANC, chirurg. en chef de l'hôpital de la Pitié : LONDE, memb.
de l'Acad. : LOUIS, memb. de l'Acad. : MARC, membre de l'Acad. :
MARJOLIN, prof. à la Fac. : MARTINI, D.-M. : MENIÈRE, D.-M. :
MIRAULT, D.-M. : MURAT, chirurg. en chef de Bicêtre : OLLIVIER,
memb. de l'Acad. : ORFILA, prof. à la Fac. ; OUDET, D.-M.-Den-
tiste. memb. de l'Acad. : PINEL, membre de l'Institut : PINEL fils,
D.-M. : RAIGE-DELORME, D.-M. : RATIER, D.-M. : RAYER, méd. de
l'hôp. Saint-Antoine : RICHARD, prof. de botanique : RICHERAND,
prof. à la Fac. : RICHOND, D.-M., aide-major à l'hôpital milit. de
Strasbourg : ROCHE, memb. de l'Acad. : ROCHOUX, memb. de l'Ac. :
RULLIER, méd. de la Charité : ROSTAN, méd. de la Salpétrière :
ROUX, prof. à la Fac. : SANSON, chir. en second de l'Hôtel-Dieu :
SCOUTETTEN, D.-M. attaché à l'hôpit. milit. de Metz : SÉGALAS,
memb. de l'Acad. : SERRES, chef des travaux anatomiques des hôpitaux civils de Paris : TROUSSEAU, agrégé à la Faculté : VAVASSEUR,
D.-M. : VELPEAU, agrégé à la Faculté, chir. du Bureau central des
hôpitaux, etc. etc.

Nous donnerons une idée de l'importance et de l'utilité des Archives, en rapportant ici le titre de quelques-uns des Mémoires conte-
nus dans les deux derniers volumes : Empoisonnement par la noix
vomique ; par MM. Orfila, Barruel, Ollivier.—Recherches cliniques
propres à démontrer que la perte de la parole tient à une lésion des
lobules antérieurs du cerveau ; par M. Bouillaud. = Considérations
sur quelques anomalies de la vision ; par M. Pravaz.— Examen médical des procès criminels des nommés Léger, Lecouffe, Papavoine,
etc., par M. Georget. — Méth. ectrotique de la variole, par M. Serres.
— Mémoire sur la thridace ou extrait de laitue ; par M. François.—
Mémoire sur quelques fonctions involontaires des appareils de la
locomotion, de la préhension et de la voix ; par M. Itard.—Sur l'emploi des caustiques comme moyen d'arrêter l'éruption varioleuse ; par
M. Velpeau. Observation sur l'extirpation des ovaires ; par Lizars.—

Observations sur l'induration générale de la substance du cerveau, considérée comme un des effets de l'encéphalite; par M. Bouillaud, — Sur un étranglement interne congénital de l'intestin grêle et du gros intestin; par M. Gendron.—De la courbure de la colonne vertébrale; par M. Lachaise.—De l'emploi du galvanisme en médecine; par MM. Bally et Meyranx. — Observations sur le cancer; par J.-A. Puel. — Observations sur la rage; par le docteur Marochetti. — Observations de deux maladies qui ont offert tous les caractères de la fièvre jaune; par M. Rennes.—Observations sur les fièvres intermittentes; par M. Brachet.—Observations de rupture de l'utérus; par MM. Moulin et Guibert.—Mémoire sur un empoisonnement par le sublimé corrosif; par M. Devergie.—De l'épilepsie considérée dans ses rapports avec l'aliénation mentale.—Observations sur la transfusion pratiquée avec succès dans deux cas d'hémorrhagie utérine.

Outre ces Mémoires, le journal contient un grand nombre de travaux de Médecine étrangère, et un exposé très-exact et très-complet des travaux et séances de l'Académie royale de Médecine.

Les ARCHIVES GÉNÉRALES DE MÉDECINE paraissent régulièrement le 1er du mois.

Le prix de l'abonnement est fixé à 26 fr. pour Paris ; à 31 fr., franc de port, pour les départemens, et à 36 fr. pour les pays où le port est double. (*Ce Journal a commencé en 1823*).

JOURNAL DE CHIMIE MÉDICALE, de Pharmacie et de Toxicologie rédigé par MM. A. Chevallier, Dumas, Fée, A. L. A., Guibourt, Julia Fontenelle, Lassaigne (J.-L.) Laugier, Orfila, Payen (A.), Pelletan (Gab.) Richard (Ach.), Robinet (N.) Ségalas D'Etcheparc, Sérullas, membre de l'Institut, etc.

Ce Journal ayant subi des améliorations, et une augmentation de matières à compter de 1830, son prix a été fixé, depuis cette époque, à 14 fr. pour Paris; à 16 fr. 50 c. pour la province; et à 19 fr. pour l'étranger.

(Commencé en 1825).

RECUEIL DE MÉDECINE VÉTÉRINAIRE-PRATIQUE publié par MM. Girard, ancien directeur de l'Ecole royale vétérinaire d'Alfort, Vatel, ancien professeur, Yvart, directeur actuel de la même école ; Grognier, Rainard, professeurs à l'Ecole vétérinaire de Lyon ; Renault, professeur à l'école d'Alfort, et Moiroud, professeur et directeur de l'école royale vétérinaire de Toulouse, (*commencé en 1824*). Pour Paris, 13 fr. — les départemens, 14 fr. 50 c.

Imprimerie de MIGNERET, rue du Dragon, no 20.

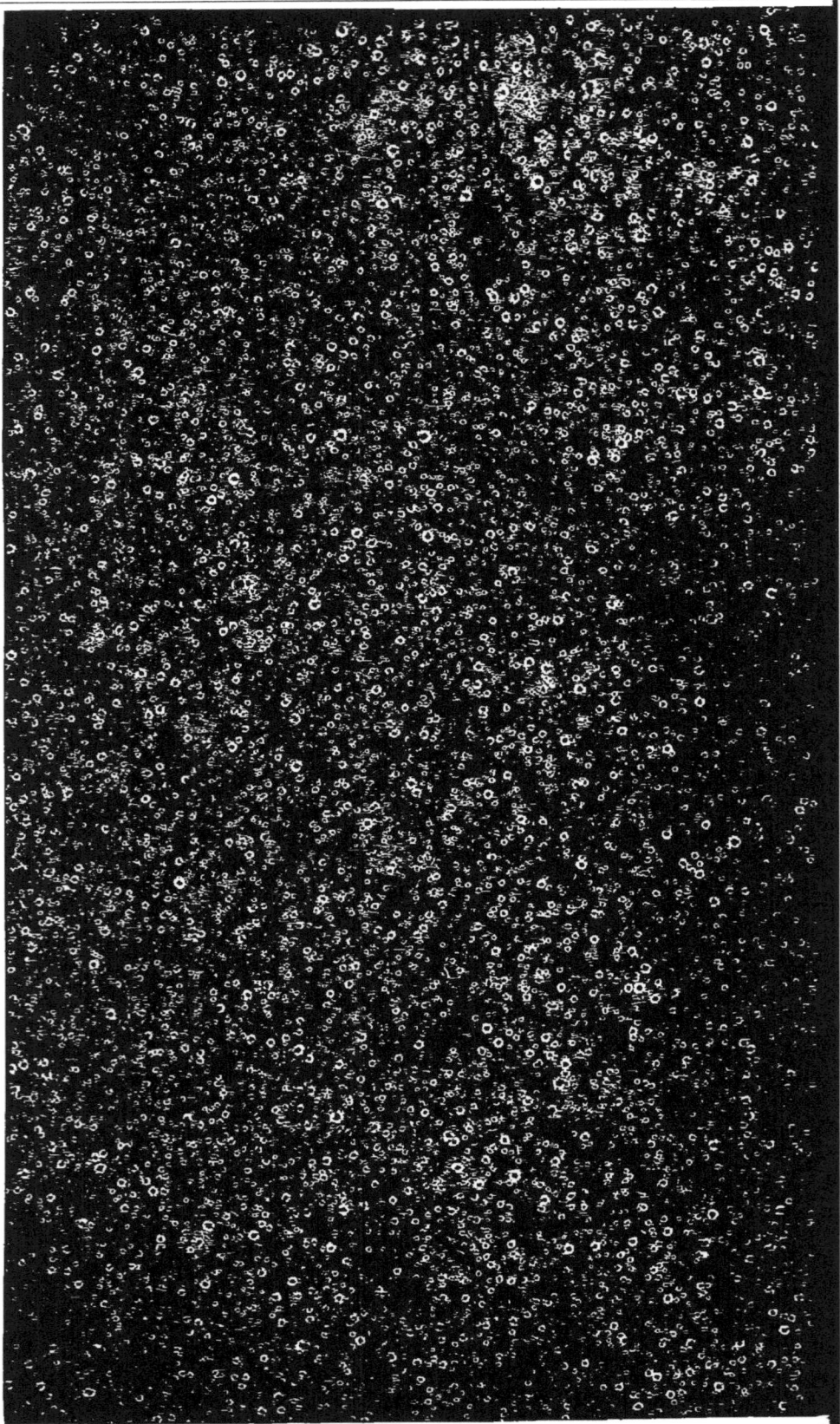

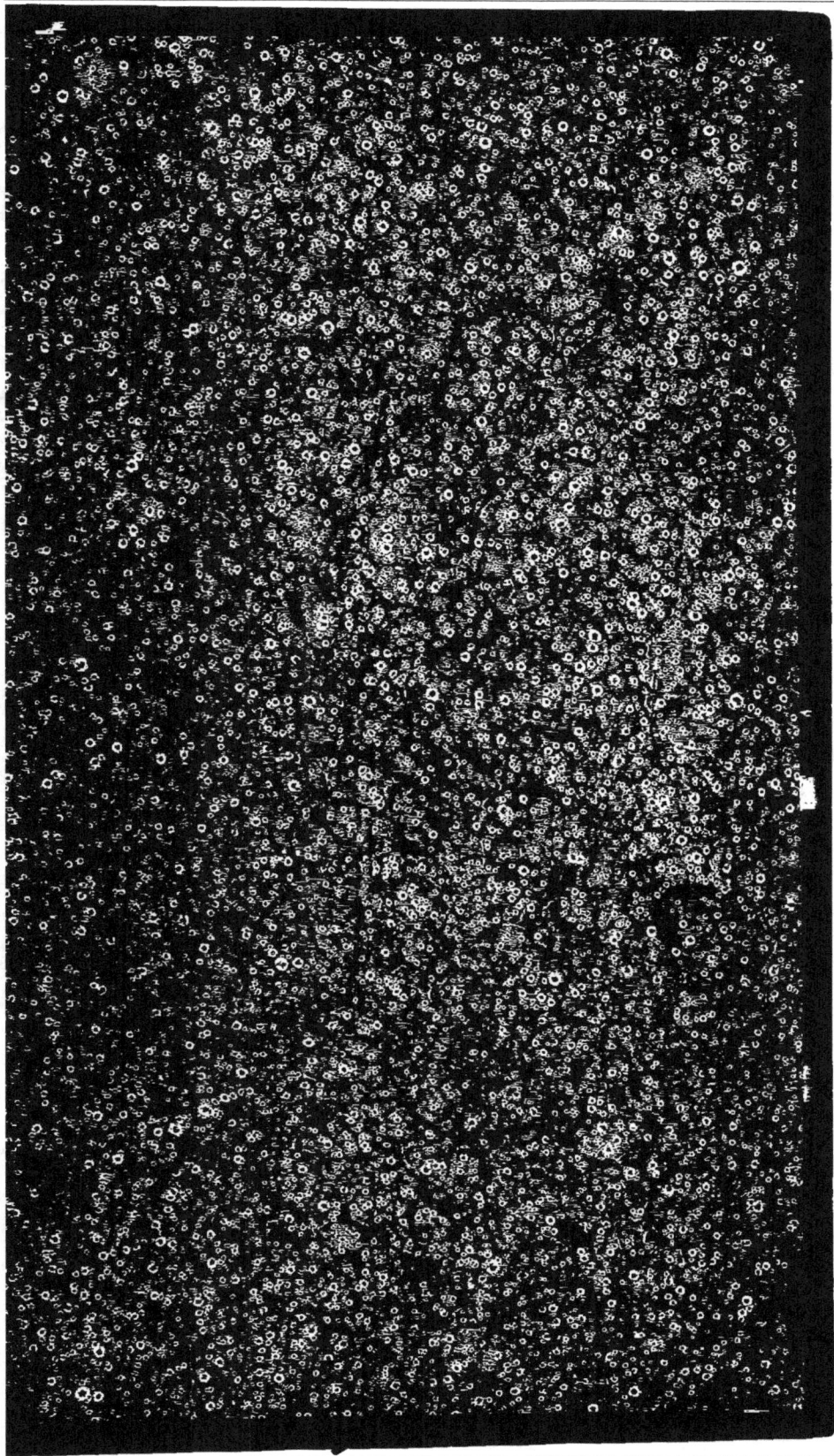

www.ingramcontent.com/pod-product-compliance
Lightning Source LLC
Chambersburg PA
CBHW070300200326
41518CB00010B/1841